全栈开发

React Native

移动开发实战

（第2版）

U0304998

向治洪 / 著

人民邮电出版社
北京

图书在版编目（CIP）数据

React Native移动开发实战 / 向治洪著. -- 2版
. -- 北京：人民邮电出版社，2020.5（2022.10重印）
ISBN 978-7-115-53462-0

Ⅰ. ①R… Ⅱ. ①向… Ⅲ. ①移动终端－应用程序－
程序设计 Ⅳ. ①TN929.53

中国版本图书馆CIP数据核字（2020）第031518号

内 容 提 要

本书全面详尽地介绍了 React Native 框架的方方面面。本书共分为 12 章，包括背景知识、入门基础、基础语法、技术详解、组件详解、API、开发进阶、网络与通信、服务器开发基础、测试、应用发布与热更新和电影购票 App 开发实战等。通过学习本书，读者将会对 React Native 框架有一个全面的认识，并掌握一定的实战能力。

本书适合具有一定 Android 和 iOS 原生开发基础的一线 App 开发工程师、大中专院校相关专业师生以及培训班学员学习，可用于夯实基础，提升 React Native 开发实战技能。

◆ 著　　　　　向治洪
　　责任编辑　赵 轩
　　责任印制　王 郁　马振武
◆ 人民邮电出版社出版发行　　北京市丰台区成寿寺路 11 号
　　邮编 100164　　电子邮件 315@ptpress.com.cn
　　网址 https://www.ptpress.com.cn
　　固安县铭成印刷有限公司印刷
◆ 开本：800×1000　1/16
　　印张：18.5　　　　　　　　　2020 年 5 月第 2 版
　　字数：415 千字　　　　　　　2022 年 10 月河北第 7 次印刷

定价：69.00 元

读者服务热线：(010)8105 410　印装质量热线：(010)81055316
反盗版热线：(010)81055315

广告经营许可证：京东市监广登字20170147号

前言

经过 10 余年的快速发展，移动互联网已经取代 PC 互联网成为互联网发展的主要方向。正所谓"得移动端者得天下"，移动端已成为互联网最大的流量分发入口，面对广阔的市场，网络运营商、互联网企业和设备生产商等产业巨头纷纷扎堆移动互联网，并构筑属于自己的移动互联网生态体系。

随着移动互联网的快速发展，移动互联网技术也变得越来越成熟，开发者也更加关注如何更高效、更低成本地开发移动应用。传统的原生开发技术虽然比较成熟，但由于受开发效率和成本的限制，已经越来越无法满足移动互联网应用的发展需求，所以移动跨平台技术成为移动互联网行业发展的迫切需求。

目前，比较流行的移动跨平台技术主要有两种：一种是基于 Web 浏览器的 Hybrid 技术方案，采用此种方案时只需要使用 HTML 及 JavaScript 进行开发，然后使用浏览器加载即可完成应用的跨平台；另一种则是通过在不同平台上运行某种语言的虚拟机来实现应用跨平台，此种方案也是移动跨平台技术的主流方案，主要技术有 Flutter、React Native 和 Weex。

作为目前较为流行的跨平台技术方案之一，React Native 是 Facebook 技术团队于 2015 年 4 月开源的一套移动跨平台开发框架，可以同时支持 iOS 和 Android 两大移动平台。经过 4 年多的发展，React Native 已经成为移动跨平台开发的主流方案之一，并被大量应用在移动产品的开发中。

React Native 抛弃了传统的浏览器加载的思路，转而采用曲线调用原生 API 的思路来实现渲染界面，从而获得媲美原生应用的体验。同时，React Native 提出的"Learn Once, Write Anywhere"也赢得了大多数开发者的青睐。

当然，React Native 也并不是没有缺点，比较明显的缺点有首次加载慢、调试不友好等，不过这些问题都可以通过社区得到很好的解决。并且，官方正在对 React Native 进行大规模的重构和优化，相信在不久的将来，React Native 会更加完善。

"路漫漫其修远兮，吾将上下而求索"，通过 React Native 跨平台技术的学习和本书的写作，我深刻地意识到学无止境的含义。大约 3 年前，我出版了本书的第 1 版，如今本书与时俱进，理论和实战都更强，并且书中的内容根据新的知识体系进行了升级。相信本书定会对你学习 React Native 带来帮助和启发。

如何阅读本书

本书共分为 12 章，涵盖了 React Native 应用开发的方方面面，希望本书的讲解对你学习 React Native 有所帮助和启发。本书包含的章节内容如下。

React Native 入门与基础（第 1 章~第 6 章）

这部分内容主要包含 React Native 简介、React Native 环境搭建、React Native 基础知识、React 基础知识以及 React Native 开发常用的组件和 API 介绍。同时，这部分内容还配备了大量的实例讲解，通过学习本部分知识，读者将会对 React Native 技术有一个基本的认识。

React Native 进阶（第 7 章~第 11 章）

这部分内容主要由 React Native 组件生命周期、组件通信、网络通信、服务器基础知识、TypeScript 开发以及应用打包发布与热更新等组成，介绍 React Native 开发中的进阶知识。这部分内容更加偏向于应用的开发与实战，是开发 React Native 应用必备的技能。

React Native 实战（第 12 章）

这部分内容是 React Native 项目实战，是对 React Native 基础知识的综合运用，是一个综合的示例。通过学习实战部分，读者将会对 React Native 框架有一个全面的认识。

适合人群

这是一本 React Native 实战与进阶的书，基于 React Native 0.60.0 版本编写，适合前端开发者和移动 Android/iOS 开发者。因此，不管是一线 App 开发工程师，还是有志于从事 App 开发的前端开发者，都可以通过本书获取移动跨平台开发的技能。

目录

第 1 章
React Native 背景知识

1.1 React Native 的诞生与发展

自从"大前端"的概念被提出以来，移动端和前端的边界变得越来越模糊，并且，近年来流行的移动跨平台技术也让前端和移动端开发人员的职责范围变得越来越模糊。从多年前流行的 PhoneGap、inoic 等混合开发技术，到现在火热的 React Native、Weex 和 Flutter 等跨平台技术，无不体现着移动端开发的前端化。

作为目前流行的跨平台技术框架之一，React Native 是 Facebook 技术团队于 2015 年 4 月在早先的 React 前端框架基础上开源的一套移动跨平台开发框架，可以同时支持 iOS 和 Android 两大移动平台。

截至 2019 年 6 月，React Native 在 GitHub 网站上已获得大量开发者的支持，如图 1-1 所示。

图 1-1　托管在 GitHub 上 React Native 项目

　　说到 React Native，就不得不说一下它的诞生过程。早期，Facebook 曾致力于推动 HTML 5 移动端应用的开发，但最终无法实现媲美原生 App 的用户体验，并且设备性能越差，体验差距越明显。最终，Facebook 放弃了 HTML 5 方案，转而开始使用 React Native 框架来开发移动端应用。

　　在 React 框架的基础上，React Native 框架前台的 JavaScript 代码通过调用封装的 Android 和 iOS 原生平台的代码来实现界面的渲染操作，因而调用原生代码的 App 的性能远远优于使用 HTML 5 开发的 App 性能。

　　由于 React Native 使用 React 前端语法来开发移动 Android 和 iOS 跨平台应用，因此，对于熟悉 React 框架的前端开发者来说，不需要再系统学习 Android 和 iOS 的特定语法即可开发出媲美原生体验的移动应用。

　　同时，React Native 使用流行的 JSX 语法来替代常规的 JavaScript 语法，提高了代码的可阅读性。JSX 是一种 XML 和 JavaScript 结合的扩展语法，因此对于熟悉 Web 前端开发的技术人员来说，只需很少的学习就可以上手移动应用开发。

　　React Native 框架的优势在于，只需要使用一套代码就可以覆盖多个移动平台，真正做到"Learn Once，Write Anywhere"。React Native 框架底层使用的是 JavaScriptCore 引擎，基本上只需要更新一下 JavaScript 文件，即可完成整个 App 的更新操作，非常适合用来开发 App 的热更新功能。

　　除此之外，React Native 框架提供的开发和调试环境也是非常友好的，如图 1-2 所示。尚在开发的 App 在模拟器或真机中运行时，开发者只需要像刷新浏览器一样，就可以即时查看到代码修改后的效果，并且还可以在 Chrome 浏览器中查看控制台输出、加断点、单步调试，等等，整个过程完全就是 JavaScript 开发调试的体验，非常畅快。

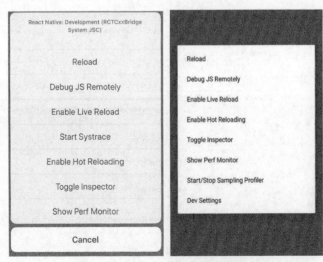

图 1-2　React Native 开发调试程序

1.2 移动跨平台技术横评

1.2.1 阿里巴巴 Weex

Weex 是由阿里巴巴技术团队研发的一套移动跨平台技术框架，初衷是解决移动开发过程中的频繁发版和多端研发难题。使用 Weex 提供的跨平台技术，开发者可以很方便地使用 Web 技术来构建高性能、可扩展的原生级别的性能体验，并支持在 Android、iOS、YunOS 和 Web 等多平台上部署。

作为一个前端跨平台技术框架，Weex 建立了一套源码转换以及原生端与 JavaScript 通信的机制。Weex 框架表面上是一个前端客户端框架，但实际上它串联起了从本地开发、云端部署到资源分发的整个链路。

具体来说，在开发阶段编写一个.we 文件，然后使用 Weex 提供的 weex-toolkit 转换工具将.we 文件转换为 JS bundle，并将生成的 JS bundle 上传部署到云端，最后通过网络请求或预下发的方式加载至用户的移动客户端应用中。同时，集成了 Weex SDK 的客户端接收到 JS bundle 文件后，调用本地的 JavaScript 引擎执行环境执行相应的 JS bundle，并将执行过程中产生的各种命令发送到原生端进行界面渲染，整个工作流程如图 1-3 所示。

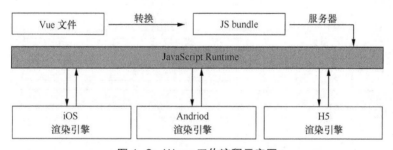

图 1-3 Weex 工作流程示意图

如图 1-3 所示，Weex 框架中最核心的部分就是 JavaScript Runtime。当需要执行渲染操作时：在 iOS 环境下，使用基于 JavaScriptCore 内核的 iOS 系统提供的 JSContext；在 Android 环境下使用基于 JavaScriptCore 内核的 JavaScript 引擎。

当 JS bundle 从服务器下载完成之后，Weex 的 Android、iOS 和 HTML 5 会运行相应的 JavaScript 引擎来执行 JS bundle，同时向终端的渲染层发送渲染指令，并调用客户端的渲染引擎进行视图渲染、事件绑定和处理用户交互等操作。

由于 Android、iOS 和 HTML 5 等终端最终使用的是原生的渲染引擎，也就是说使用同一套代码在不同终端上展示的样式是相同的，并且 Weex 最终使用原生组件来渲染视图，所以在体验上要比传统的 WebView 方案好很多。

尽管 Weex 已经提供了开发者所需要的常用组件和模块，但面对丰富多样的移动应用研发需求，这些常用基础组件还是远远不能满足开发的需要，因此 Weex 提供了灵活自由的扩展能力，开发者可以根据自身的情况开发自定义组件和模块，从而丰富 Weex 生态。

1.2.2 谷歌 Flutter

Flutter 是谷歌技术团队开源的移动跨平台技术框架，其历史最早可以追溯到 2015 年的 Sky 项目。该项目可以同时运行在 Android、iOS 和 fuchsia 等包含 Dart 虚拟机的平台上，并且性能无限接近原生。React Native 和 Weex 使用 JavaScript 作为编程语言，使用平台自身引擎渲染界面，而 Flutter 直接选择 2D 绘图引擎库 Skia 来渲染界面。

如图 1-4 所示，Flutter 框架主要由 Framework 层和 Engine 层组成，基于 Framework 开发的 App 最终会运行在 Engine 层上。其中，Engine 是 Flutter 提供的独立虚拟机，正是由于它的存在，Flutter 程序才能运行在不同的平台上，实现跨平台运行。

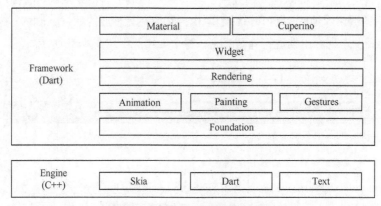

图 1-4　Flutter 框架架构图

与 React Native 和 Weex 使用原生控件渲染界面不同，Flutter 使用 Engine 来绘制 Widget（部件），即 Flutter 显示的单元，并且 Dart 代码会通过 AOT 编译为平台的原生代码，进而与平台直接通信，不需要 JavaScript 引擎的桥接，也不需要原生平台的 Dalvik 虚拟机，如图 1-5 所示。

同时，Flutter 的 Widget 采用现代响应式框架构建，而 Widget 是不可变的，仅支持一帧，并且每一帧上的内容不能直接更新，需要通过 Widget 的状态来间接更新。在 Flutter 中，无状态和有状态 Widget 的核心特性是相同的，Flutter 会重新构建视图的每一帧，通过 State 对象，Flutter 就可以跨帧存储状态数据并恢复它。

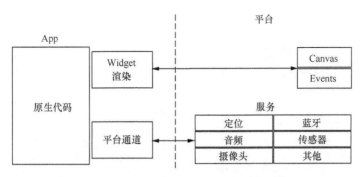

图 1-5 Flutter 框架 Engine 层渲染架构图

总体来说，Flutter 是目前跨平台开发中较好的方案，它利用一套代码即可生成 Android 和 iOS 两种平台的应用，很大程度上减少了 App 的开发和维护成本。同时，Dart 语言强大的性能表现和丰富的特性，也使得跨平台开发变得更加便利。而不足之处在于，Flutter 的许多功能目前还不是特别完善，全新的 Dart 语言也带来了学习上的成本。Flutter 如果想要完全替代原生 Android 和 iOS 开发，还有比较长的路要走。

1.2.3　谷歌 PWA

PWA，全称 Progressive Web App，是谷歌技术团队在 2015 年发布的渐进式 Web 开发技术。PWA 结合了一系列的现代 Web 技术，使用多种技术来增强 Web App 的功能，最终可以让 Web 应用呈现出媲美原生应用的体验。

相比于传统的 Web 技术，渐进式 Web 技术是可以横跨 Web 技术及原生 App 开发的技术解决方案，可靠、快速且可参与。

具体来说，当用户从主屏幕启动应用时，不用考虑网络的状态就可以立刻加载出 PWA，并且 PWA 由于具有 Service Worker 等先进技术的加持，加载速度是非常快的。除此之外，PWA 还可以添加在用户设备的主屏幕上，不用从应用商店进行下载即可通过网络应用程序 Manifest file 提供类似于 App 的使用体验。

作为一种全新 Web 技术方案，PWA 的正常工作需要一些重要的技术组件，它们协同工作并为传统的 Web 应用程序注入活力，如图 1-6 所示。

其中，Service Worker 表示离线缓存文件，其本质是 Web 应用程序与浏览器之间的代理服务器，可以在网络可用时作为浏览器和网络间的代理，也可以在离线或者网络极差的环境下使用离线的缓冲文件。

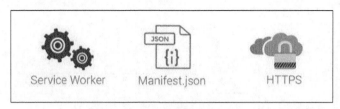

图 1-6 PWA 需要的技术组件

Manifest 则是 W3C 的技术规范，它定义了基于 JSON 的清单，为开发人员提供一个放置与 Web 应用程序关联的元数据的集中地点。Manifest 是 PWA 开发中的重要一环，它为开发人员控制应用程序提供了可能。

目前，渐进式 Web 应用还处于起步阶段，应用者也是诸如 Twitter、淘宝、微博等大平台技术团队。不过，PWA 作为谷歌技术团队主推的一项技术标准，Edge、Safari 和 FireFox 等主流浏览器也都开始支持渐进式 Web 应用。相信 PWA 在未来的 Web 技术栈中会开辟属于自己的一片天地。

1.2.4 对比与分析

在当前诸多的跨平台方案中，React Native、Weex 和 Flutter 无疑是优秀的。而从不同的维度来看，三大跨平台框架又有各自的优点和缺点，如表 1-1 所示。

表 1-1 三大跨平台方案对比

对比类型	React Native	Weex	Flutter
支持平台	Android/iOS	Android/iOS/Web	Android/iOS
实现技术	JavaScript	JavaScript	原生编码/渲染
引擎	JS V8	JavaScriptCore	Flutter Engine
编程语言	React	Vue	Dart
bundle 大小	单一/较大	较小/多页面	不需要
框架程度	较重	较轻	重
社区	活跃	不活跃	活跃

如上表所示，React Native、Weex 采用的技术方案大体相同，它们都使用 JavaScript 作为编程语言，然后通过中间层转换为原生组件，再利用原生渲染引擎执行渲染操作。Flutter 直接使用 Skia 来渲染视图，并且 Flutter Widget 使用现代响应式框架来构建，和平台没有直接的

关系。就目前跨平台技术来看，JavaScript 在跨平台开发中的应用可谓占据了半壁江山，大有"一统天下"的趋势。

从性能方面来说，Flutter 的性能理论是更好的，React Native 和 Weex 次之，并且都好于传统的 WebView 方案。但从目前的实际应用来看，它们之间并没有太大的差距，性能体验上的差异并不明显。

从社群和社区来看，React Native 和 Flutter 无疑更活跃，React Native 经过多年发展已经成长为跨平台开发的实际领导者，并拥有丰富的第三方库和开发群体。Flutter 作为最近才火起来的跨平台技术方案，还处在快速更新测试阶段，商用案例也很少。不过谷歌技术的号召力一直都很强，未来究竟如何发展让我们拭目以待。

1.3　本章小结

传统的原生 Android、iOS 开发面临着诸多困难，例如开发周期长、迭代缓慢等，很多公司因此倍感困扰。所幸，近年来兴起的跨平台开发技术为这些问题找到了新的解决方法，借助这些优秀的跨平台开发框架，在不牺牲性能和体验的前提下，人们有效地解决了开发中的难题。

目前，移动跨平台开发作为移动开发的重要组成部分，是移动开发者必须掌握的技能。在移动互联网领域，主流的移动跨平台技术主要有 React Native、Weex、Flutter 和 PWA 等，本书即将全面介绍 React Native 的相关知识和实践经验。

第 2 章
React Native 入门基础

2.1 React Native 环境搭建

俗话说"工欲善其事，必先利其器。"在正式着手开发 React Native 应用之前，需要先搭建好开发环境。通常，搭建 React Native 开发环境需要安装以下几个工具。

- Node.js：React Native 需要借助 Node.js 来创建和运行 JavaScript 代码。
- 原生开发工具及环境：React Native 的运行需要依赖原生 Android 和 iOS 环境，因此需要安装原生 Android 和 iOS 开发环境。
- 辅助工具：代码编辑器 Visual Studio Code 或 WebStorm，远程调试工具 Chrome 浏览器等。

2.1.1 安装 Node.js

Node.js 本身并不是新的开发语言，也不是 JavaScript 框架，而是一个 JavaScript 运行时环境，底层使用 Google Chrome V8 引擎，并在此基础上进行了封装，可用于创建快速、高效、可扩展的 Web 应用。同时，Node.js 的包管理器 npm，也是全球最大的开源库生态系统管理之一。

安装 Node.js 前，需要从 Node.js 官网下载当前系统对应的安装包。安装时推荐使用最新的 LTS 版本，因为 LTS 版本维护的周期较长且稳定性较好。

下载完成后双击对应的安装包，根据向导提示，单击相应的【继续】或【同意】按钮，最后单击【安装】按钮即可完成安装，如图 2-1 所示。

安装完成之后，可以使用 node -v 命令来验证是否安装成功，如图 2-2 所示。同时，安装最新版的 Node.js 之后，不需要再安装 npm 包管理工具，因为最新版的 Node.js 已经默认集成了 npm。

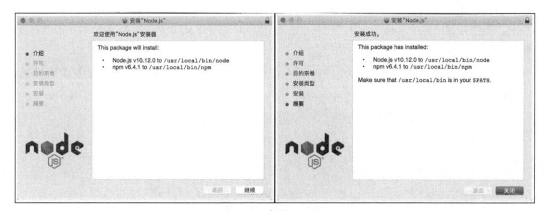

安装"Node.js"
欢迎使用"Node.js"安装器
This package will install:
Node.js v10.12.0 to /usr/local/bin/node
npm v6.4.1 to /usr/local/bin/npm
介绍
许可
目的宗卷
安装类型
安装
摘要
返回
继续
安装"Node.js"
安装成功。
This package has installed:
Node.js v10.12.0 to /usr/local/bin/node
npm v6.4.1 to /usr/local/bin/npm
Make sure that /usr/local/bin is in your $PATH.
介绍
许可
目的宗卷
安装类型
安装
摘要
返回
关闭

图 2-1 安装 Node.js

xiangzhihong — -bash — 44×8
Last login: Fri Feb 15 19:08:38 on ttys002
xiangzhngdeMBP2:~ xiangzhihong$ node -v
v8.12.0
xiangzhngdeMBP2:~ xiangzhihong$ npm -v
6.4.1
xiangzhngdeMBP2:~ xiangzhihong$

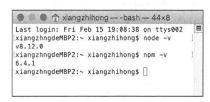

图 2-2 查看 Node.js 和 npm 的版本信息

当然，实际开发中还可以使用 nvm 来安装和管理 Node.js，并且使用 cnpm 来代替 npm，因为 cnpm 使用的是淘宝源，所以对于国内的开发者来说下载的速度更快。

2.1.2 安装 Android 环境

由于 React Native 应用仍然是基于原生平台的，所以搭建 React Native 环境的同时还需要安装原生 Android 和 iOS 开发环境。

搭建 Android 开发环境需要 Java 环境的支持，因此需要先从 JDK 官网下载和安装操作系统对应的 JDK 版本。安装成功之后可以通过如图 2-3 所示的方法进行验证。如果成功输出版本信息，则表明 JDK 安装成功。

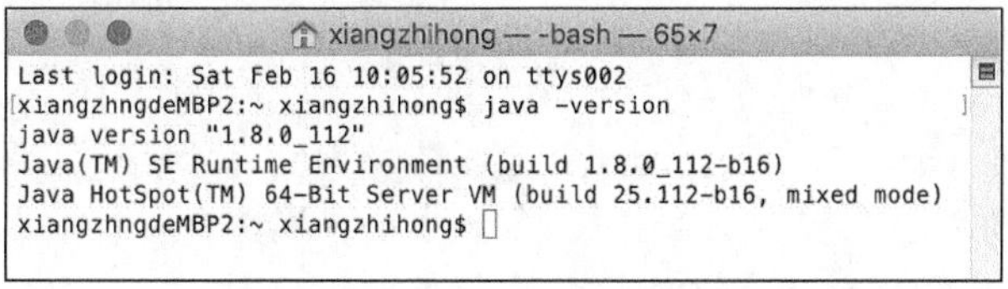

xiangzhihong — -bash — 65×7
Last login: Sat Feb 16 10:05:52 on ttys002
xiangzhngdeMBP2:~ xiangzhihong$ java -version
java version "1.8.0_112"
Java(TM) SE Runtime Environment (build 1.8.0_112-b16)
Java HotSpot(TM) 64-Bit Server VM (build 25.112-b16, mixed mode)
xiangzhngdeMBP2:~ xiangzhihong$

图 2-3 验证 JDK 是否安装成功

JDK 安装完成之后，接下来需要安装 Android 开发工具 Android Studio 和 Android SDK Tools。读者可以从 Android Studio 官网下载 Android Studio 及命令行工具 Android SDK Tools 进行安装。

安装完成之后即可启动 Android Studio。第一次打开 Android Studio 时，需要在设置面板中配置 Android SDK Tools 的路径 Android SDK Location。成功配置 Android SDK Tools 的路径后，还需要下载和安装 SDK 相关工具，如图 2-4 所示。

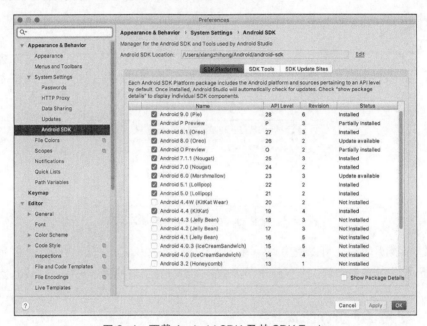

图 2-4　下载 Android SDK 及其 SDK Tools

由于 React Native 的 Android 环境需要 Android SDK Build-tools version 23.0.1 及以上版本的支持，所以确保本地已经安装了相关的版本。

需要说明的是，无论是 JDK 还是 Android SDK，以及需要安装的其他开发工具，如 Node.js、React Native 等，都需要添加到系统变量 PATH 中，否则使用该命令时将会发生找不到该工具或命令的错误。

对于 Linux 或 macOS 系统，只需要将下面的配置添加到~/.bashrc 系统配置文件中即可。

```
export ANDROID HOME=/path/to/android/sdk/tools
export PATH=º{ PATH} : ${ANDROID HOME}/tools
export PATH=${PATH} : ${ANDROID HOME}/platform- tools
```

对于 Windows 系统，需要依次点击【计算机】→【属性】→【高级设置】→【环境变量】打开环境变量面板，然后将 Android SDK Tools 文件下的 tools 和 platform-tools 的文件路径添加到环境变量 PATH 中，如图 2-5 所示。

完成卜面的配置之后，可以通过 adb 命令来验证是否配置成功。如果正确配置之后还是找不到 Android SDK Tools 工具或命令，可以尝试重启命令终端。

图 2-5　Windows 系统配置 Android 环境变量

2.1.3　安装 iOS 环境

众所周知，使用 React Native 开发 iOS 应用时需要 macOS 操作系统的支持，所以如果经济条件允许的话最好购置一台 Mac 电脑。只有使用 React Native 同时开发 iOS 和 Android 应用，才能发挥出 React Native 跨平台开发的优势。

目前，使用 React Native 开发 iOS 端的应用需要 Xcode 7 及更高版本的支持，如果还没有安装 Xcode，可以从 App Store 下载并安装，如图 2-6 所示。

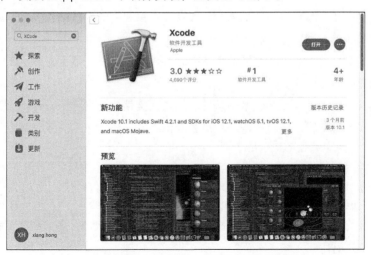

图 2-6　通过 App Store 安装 Xcode 工具

需要说明的是，Xcode 安装程序必须通过 Apple 官网或 App Store 下载。2015 年 9 月发生的 XcodeGhost 非法代码植入事件，就是因为开发者下载的是非官方 Xcode 安装程序。

2.1.4　安装 React Native

在 Node.js 安装完成之后，搭建 React Native 开发环境还需要安装 React Native 及其辅助工具。安装 React Native 只需要借助命令行工具即可，安装命令如下。

```
npm install -g react-native-cli
```

如果使用 npm 方式下载速度较慢的话，可以使用 cnpm 代替 npm 进行安装，即 cnpm install -g react-native-di。安装完成之后，可以使用如图 2-7 所示的方式验证是否安装成功。

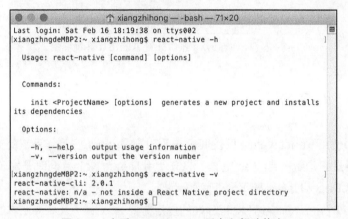

图 2-7　查看 React Native 版本和帮助信息

除了一些必须的工具外，为了提高开发效率，还需要安装一些辅助工具，如 Homebrew、Watchman 和 Chrome 浏览器等。

Homebrew 是一款 macOS 系统环境下的软件包管理工具，拥有安装、卸载、更新、查看和搜索软件包等很多实用的功能。

Watchman 是由 Facebook 技术团队提供的监视文件系统变更的工具，此工具可以捕捉文件的变化来实现实时刷新，从而提高开发的性能和效率。在 macOS 系统环境下，可以通过以下命令来安装。

```
brew update
brew install watchman
```

Chrome 浏览器可以作为 React Native 开发的远程调试工具。为了方便对 React Native 程序进行调试，在 Chrome 浏览器安装完成之后，还需要从 Chrome 应用商店下载和安装 React Developer Tools 插件。

2.2 React Native 开发工具

Nuclide 是 Facebook 技术团队推出的一款 React Native 开发工具。不过严格意义上说 Nuclide 并不是一款独立的编辑器，只是一个基于 Atom 的扩展插件，因此使用 Nuclide 插件工具开发 React Native 应用程序时需要同时配合使用 Atom 和 Nuclide，如图 2-8 所示。

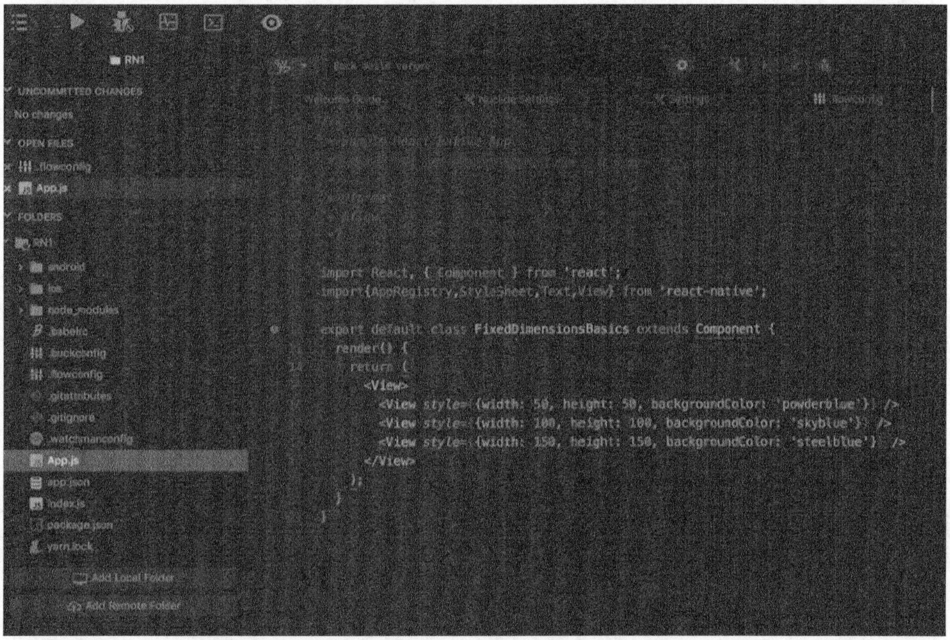

图 2-8　使用 Atom 和 Nuclide 开发 React Native 应用

虽然，Nuclide 是官方推出的 React Native 开发工具，但是实际开发过程中并不建议开发者使用，因为 Nuclide 开发和调试都不是很友好，并且官方已经放弃了对 Nuclide 的维护工作，因此在实际的 React Native 应用开发中更推荐使用 WebStorm 和 Visual Studio Code。

Visual Studio Code 是微软在 2015 年 4 月发布的一款跨平台源代码编辑器，可以在 macOS、Windows 和 Linux 操作系统上运行。Visual Studio Code 拥有强大的生态和众多插件，可以帮助开发者快速开发项目。同时，微软官方为 React Native 开发提供了专门的插件，借助这些插件，开发者可以很容易地完成 React Native 应用的开发工作。

WebStorm 是 JetBrains 公司开发的一款用于 JavaScript 项目开发的工具，被前端开发者誉为 Web 开发神器，开发者可以使用它进行 Web 前端和客户端应用开发。目前，WebStorm

支持 macOS、Windows 和 Linux 操作系统。WebStorm 提供的图形化界面，可以帮助开发者快速创建、运行及调试项目，对于习惯了图形化开发的开发者来说的确是不小的惊喜。

　　新版的 WebStorm 已经默认添加了对 React Native 开发环境的支持，开发者可以直接使用 WebStorm 强大的 IDE 功能进行 React Native 应用的新建、运行和调试操作，如图 2-9 所示。

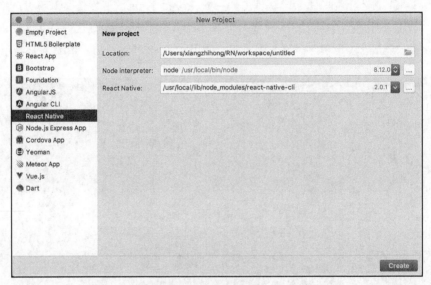

图 2-9　使用 WebStorm 新建 React Native 应用

2.3　React Native 快速上手

2.3.1　初始化项目

　　在初始化项目方面，React Native 支持命令行和 IDE 两种方式。使用命令行方式初始化 React Native 项目的方法如下所示。

```
react-native init chapter2
```

其中，init 命令用于初始化一个 React Native 项目；chapter2 表示项目的名称。等待项目构建成功并自动安装好所有的依赖库之后，使用 WebStrom 打开 chapter2 项目，工程结构如图 2-10 所示。

　　React Native 工程的目录和文件的详细说明如表 2-1 所示。

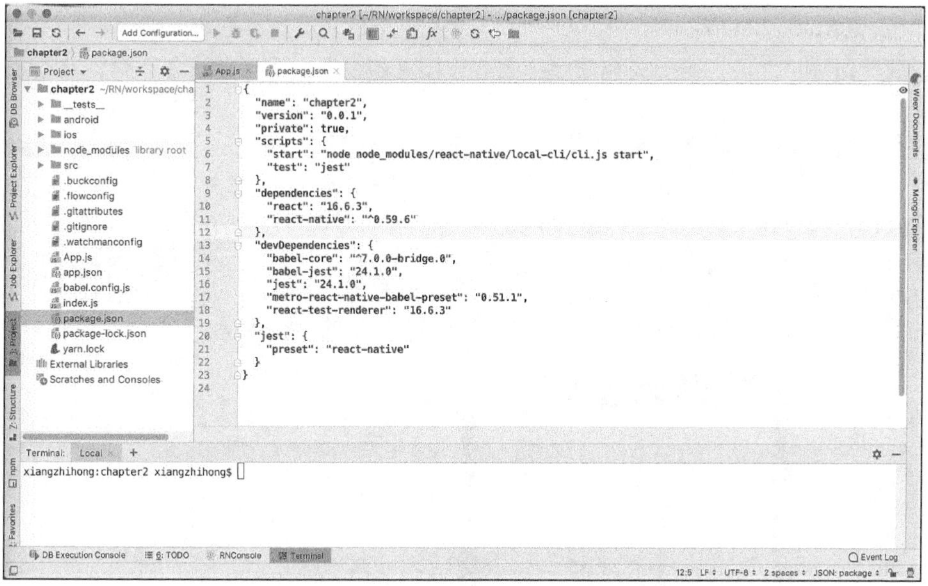

图 2-10　React Native 工程目录结构

表 2-1　React Native 工程目录文件表

目 录 文 件	说　　　明
__tests__	React Native 工程单元测试文件夹
android	原生 Android 工程文件夹
ios	原生 iOS 工程文件夹
node_modules	React Native 工程依赖的第三方库
index.js	React Native 工程 App 入口文件
package.json	React Native 工程配置文件

　　打开 React Native 工程目录结构下的 Android 和 iOS 目录，可以发现其工程结构和原生 Android/iOS 的工程结构是一致的，这也从侧面说明开发 React Native 应用需要原生 Android/iOS 支持。

2.3.2　运行项目

　　运行 React Native 应用之前，确保对应的原生开发工具已经正确安装和配置。例如，运行 iOS App 需要正确安装和配置 Xcode 工具，运行 Android App 需要正确安装和配置 Android

Studio 和 Android SDK Tools。

正式运行项目之前，需要先启动模拟器或连接真机设备。可以通过如下命令来查看设备的连接情况。

```
xcrun simctl list devices        //查看可用的 iOS 设备
adb devices                      //查看可用的 Android 设备
```

接下来，就可以使用 React-Native run 命令来启动 React Native 应用了，如下所示。

```
react-native run-ios             //启动 iOS App
react-native run-android         //启动 Android App
```

如果启动过程没有任何错误，会看到如图 2-11 所示的运行效果。

图 2-11　React Native 工程目录结构

当然，如果需要指定运行的设备，还可以使用下面的方式。

```
react-native run-ios --simulator   "iPhone 8"
react-native run-android emulator  -5554
```

2.3.3　调试项目

调试，是软件开发项目的重要组成部分，用来发现程序存在的问题、快速定位并解决问题。同时，调试也可以帮助初学者快速理解程序的功能。

借助 React Native 提供的远端调试工具，开发者可以很容易地调试 React Native 应用。具体来说，真机调试时只需要晃动设备即可打开调试选项。如果是模拟器，可以使用快捷键来打开调试功能，Android 模拟器调试的快捷键是 Command + M，iOS 模拟器的快捷键是 Command + D，如图 2-12 所示。

图 2-12　React Native 模拟器调试

点击【Debug JS Remotely】选项，即可开启远端调试功能。点击远程调试选项，会自动打开 Chrome 浏览器，如图 2-13 所示。

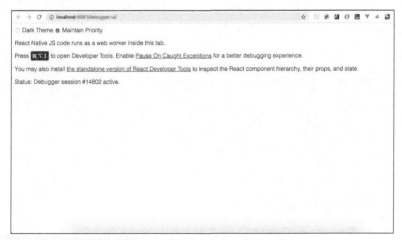

图 2-13　React Native 远端调试

然后，依次点击【Chrome 菜单】→【选择更多工具】→【选择开发者工具】或者使用快捷键 Command + Option + I，即可打开调试窗口，如图 2-14 所示。

图 2-14 使用 Chrome 浏览器调试 React Native 应用

将调试面板切换到 Sources，然后使用快捷键 Command + O 找到需要调试的文件，在需要调试的地方添加一个断点，再次运行程序即可执行断点调试操作，如图 2-15 所示。

图 2-15 React Native 断点调试

此时，可以在右侧的调试区域看到如下信息：当前应用执行的线程状态、变量值、调用栈、全局监听器等信息。当然，还可以使用调试区域上方的指令来实现单步执行、跳过执行、继续执行等调试操作，如图 2-16 所示。

图 2-16　React Native 程序调试指令

除了 Debug JS Remotely 远端调试选项之外，React Native 还提供了很多有用的选项，如 Reload、Enable Live Reload 和 Enable Hot Reloading。其中，开启 Enable Live Reload 选项时，不需要手动触发即可实现动态加载更新，而开启 Enable Hot Reloading 选项时，任何代码上的修改均不需要重新启动即可看到修改后的效果。

2.3.4　修改默认项目

目前为止，我们已经完成了 React Native 项目的创建、运行和调试，相信大家对 React Native 开发有了一个初步的认识，并体会到使用 React Native 开发跨平台应用的优势。虽然 React Native 应用已经运行起来了，但是还未涉及任何代码相关的内容。为了帮助大家快速熟悉 React Native，下面就来看看 React Native 项目的入口文件。

打开 React Native 项目的入口文件 index.js，会发现该文件引用了 App.js 文件，而 App.js 即是示例程序默认显示内容的源码文件。

```
const instructions = Platform.select({
  ios: 'Press Cmd+R to reload,\n' + 'Cmd+D or shake for dev menu',
  android:
    'Double tap R on your keyboard to reload,\n' +
    'Shake or press menu button for dev menu',
});

type Props = {};
export default class App extends Component<Props> {
  render() {
    return (
      <View style={styles.container}>
        <Text style={styles.welcome}>Welcome to React Native!</Text>
        <Text style={styles.instructions}>To get started, edit App.js</Text>
        <Text style={styles.instructions}>{instructions}</Text>
      </View>
    );
  }
}
```

现在，将代码中的默认文本内容 "Welcome to React Native!" 修改为 "你好，React Native"，然后重新运行应用即可看到修改后的效果，如图 2-17 所示。

图 2-17　修改 React Native 默认显示内容

2.4　本章小结

本章主要从环境搭建、开发工具、项目创建、运行和调试等方面介绍了 React Native 开发中的基础知识。

作为目前流行的移动跨平台框架之一，React Native 不仅兼顾了开发难易度、稳定性、性能、成本以及复用等产品开发中的诸多因素，而且还拥有强大的开源社区和开发群体。毫不夸张地说，React Native 是跨平台开发的实际领导者，是每个移动开发者必须掌握的技能。

第 3 章
React Native 基础语法

3.1　JSX 语法

React Native 使用 JSX 语法来构建页面。JSX 并不是一门新的开发语言，而是 Facebook 技术团队提出的一种语法方案，即一种可以在 JavaScript 代码中使用 HTML 标签来编写 JavaScript 对象的语法糖，所以 JSX 本质上来说还是 JavaScript。

在 React 和 React Native 应用开发中，不一定非要使用 JSX，也可以使用 JavaScript 进行开发。不过，因为 JSX 在定义上类似 HTML 这种树形结构，所以使用 JSX 可以极大地提高阅读和开发效率，减少代码维护的成本。

在 React 开发中，React 的核心机制之一就是可以在内存中创建虚拟 DOM 元素，进而减少对实际 DOM 的操作从而提升性能，而使用 JSX 语法可以很方便地创建虚拟 DOM。例如，初始化 React Native 项目时的默认示例如下。

```
export default class App extends Component<Props> {
  render() {
    return (
      <View style={styles.container}>
        <Text style={styles.welcome}>Hello, React Native</Text>
        <Text style={styles.instructions}>To get started, edit App.js</Text>
        <Text style={styles.instructions}>{instructions}</Text>
      </View>
    );
  }
}
```

在上述代码中，组件的 render()方法主要用于页面的渲染操作，它返回的是一个视图（View）对象，之所以没有看到创建对象和设置属性的代码，是因为 JSX 提供的 JSXTransformer 可以帮助我们把代码中的 XML-Like 语法编译转换成 JavaScript 代码。借助 JSX 语法，开发者不仅可以用它来创建视图对象、样式和布局，还可以用它构建视图的树形结构。并且，JSX 语法的可读性也非常好，非常适合前端页面开发。

3.2　语法基础

作为 React 前端框架在原生移动平台的衍生产物，React Native 目前支持 ES5 及以上版本，不过实际开发中使用得最多的还是 ES6。作为 JavaScript 语言的下一代标准，ES6 在 2015 年发布，因而又被称为 ECMAScript 2015。

3.2.1　let 和 const 命令

ES6 中新增了 let 命令，主要用来声明变量。它的用法类似于 var，但是 let 声明的变量只在 let 命令所在的代码块内有效，如下所示。

```
{
  let a = 10;        //代码块内有效
  var b = 1;
}

a        // ReferenceError
b        // 1
```

上面示例代码中，分别使用 let 和 var 声明了两个变量。在代码块外调用这两个变量，let 声明的变量会报错，var 声明的变量成功地返回了值，因为 let 声明的变量只在它所在的代码块有效。

另外，使用 let 声明变量时不允许在相同作用域内重复声明，如下所示。

```
//报错
function func() {
  let a = 10;
  var a = 1;
}

//报错
function func() {
  let a = 10;
  let a = 1;
}
```

const 用于声明一个只读的常量，一旦声明，常量的值就不能改变，如下所示。

```
const PI = 3.1415;
PI // 3.1415

PI = 3;    //报错
```

　　在上面的示例代码中，由于 PI 是常量，所以值是不能改变的。并且，const 声明的常量，一旦声明就必须立即初始化，不能留到后面再赋值。事实上，与 let 一样，const 声明的常量也不可重复声明。

3.2.2　类

　　作为一门基于原型的面向对象语言，JavaScript 一直没有类的概念，而是使用对象来模拟类。现在，ES6 添加了对类的支持，引入了 class 关键字，新的 class 写法让对象的创建和继承更加直观，也让父类方法的调用、实例化、静态方法和构造函数等概念更加具象。

```
class App extends Component {
  render() {
    return (
      <View></View>
    )
  }
}
```

　　同时，新的 ES6 语法可以直接使用函数名字来定义方法，方法结尾也不需要使用逗号。

```
class App extends Component {
    componentWillMount() { }
    }
```

　　在 ES5 语法中，属性类型和默认属性通过 propTypes 和 getDefaultProps()来实现。而在 ES6 语法中，属性类型和默认属性则统一使用 static 修饰。

```
class App extends React.Component {
    static defaultProps = {
           autoPlay: false};
    static propTypes = {
           autoPlay: React.PropTypes.bool.isRequired};
    …
}
```

3.2.3　箭头函数

　　ES6 中新增了箭头操作符（=>），可以用它来简化函数的书写，如下所示。

```
var f = v => v;
//等价于
var f = function(v) {
  return v;
};
```

　　如果箭头函数带有参数，可以使用一个圆括号代表参数部分，如下所示。

```
var f = () => 5;
//等价于
var f = function () { return 5 };
```

如果箭头函数带有多个参数，需要用到小括号。参数之间使用逗号隔开。

```
var sum = (a, b) => a + b;
//等价于
var sum = function(a, b) {
  return a + b;
};
```

如果函数体涉及多条语句，就需要使用大括号。

```
var add = (a, b) => {
    if (typeof a == 'number' && typeof b == 'number') {
        return a + b
    } else {
        return 0
    }
}
```

使用箭头函数时，需要注意以下几点。

- 函数体内的 this 对象，就是定义时所在的对象，而不是使用时所在的对象。
- 箭头函数不支持 new 命令，否则会抛出错误。
- 不可以使用 arguments 对象，该对象在函数体内不存在，如果要用，可以使用 rest 参数代替。
- 不可以使用 yield 命令，因此箭头函数不能用作 generator 函数。

3.2.4　模块

历史上，JavaScript 一直没有模块体系，无法将一个大程序拆分成互相依赖的小文件，也无法将简单的小文件拼装起来构成一个模块。

在 ES6 之前，JavaScript 社区制定了一些模块化开发方案，比较著名的有 AMD 和 CommonJS 两种，前者适用于浏览器，后者适用于服务器。不过随着 ES6 的出现，JavaScript 终于迎来了模块开发体系，并逐渐成为浏览器和服务器通用的模块解决方案。

ES6 模块的设计思想是尽量静态化，使得编译时就能确定模块的依赖关系以及输入和输出的变量。ES6 模块有两个最重要的命令，即 export 和 import。其中，export 用于对外输出模块，import 用于导入模块。

在 ES6 语法中，一个模块就是一个独立的文件，文件内部的所有变量都无法被外部获取，只有通过 export 命令导出后才能被另外的模块使用。例如，有一个名为 a.js 的文件，代码如下。

```
var sex="boy";
var echo=function(value){
     console.log(value)
```

```
}
export {sex,echo}
```

要在另一个文件中使用这个 a.js 文件的内容，就需要使用 import 命令导入模块（文件）。

```
import {sex,echo} from "./a.js"
console.log(sex)
echo(sex)
```

当然，多个模块之间也是可以相互继承的。例如，有一个 circleplus 模块，该模块继承自 circle 模块，代码如下。

```
export * from 'circle';
export var e = 2.71828182846;
export default function(x) {
  return Math.exp(x);
}
```

在上面的代码中，使用 export *导出 circle 模块的所有属性和方法，然后又导出自定义的 e 变量和默认方法。

3.2.5　Promise 对象

Promise 是异步编程的一种解决方案，比传统的回调函数更合理、更强大。Promise 最早由 JavaScript 社区提出和实现，并最终在 ES6 版本写进编程语言标准。

简单来说，Promise 就是一个容器，里面保存着某个未来才会结束的事件结果。从语法上说，Promise 是一个对象，它可以通过异步方式获取操作的结果。使用 Promise 修饰的对象，对象的状态不受外界影响，一旦状态改变就不会再变，任何时候都可以得到这个结果。

在 ES6 语法规则中，Promise 对象是一个构造函数，用来生成 Promise 实例。

```
const promise = new Promise(function(resolve, reject) {
  if (success){                    //异步操作成功
    resolve(value);
  } else {
    reject(error);
  }
});
```

在上面示例中，Promise 构造函数接收一个函数作为参数，该函数的两个参数分别是 resolve 和 reject。其中，resolve 函数的作用是将 Promise 对象的状态从 pending 变为 resolved；而 reject 函数的作用则是将 Promise 对象的状态从 pending 变为 rejected。

Promise 实例生成以后，就可以使用 then()方法给 resolved 状态和 rejected 状态指定回调函数，格式如下。

```
promise.then(function(value) {
  // 成功
```

```
}, function(error) {
  //失败
});
```

then()方法可以接收两个回调函数作为参数：第一个回调函数表示 Promise 对象的状态为 resolved 时被调用；第二个回调函数表示 Promise 对象的状态变为 rejected 时被调用。这两个函数都接收 Promise 对象传出的值作为参数，且第二个函数是可选的。例如，下面使用 Promise 对象实现异步加载图片。

```
function loadImageAsync(url) {
  return new Promise(function(resolve, reject) {
    const image = new Image();

    image.onload = function() {
      resolve(image);
    };

    image.onerror = function() {
      reject(new Error('Could not load image at ' + url));
    };

    image.src = url;
  });
}
```

3.2.6　async 函数

async 函数是一个异步操作函数，不过从本质上来说，它仍然是一个普通函数，只不过是将普通函数的*替换成 async，将 yield 替换成 await 而已。作为一种新的函数语法糖，async 函数可以以多种形式存在，如下所示。

```
async function foo() {}                  //函数声明
var bar = async function () {}           //表达式声明
var obj = { async bazfunction(){} }      //对象声明
var fot = async() => { }                 //箭头函数声明
```

async 函数会返回一个 Promise 对象，可以使用 then()和 catch()方法来处理回调的结果。

```
async function getStockPriceByName(name) {
    let symbol = await getStockSymbol(name);
    let price = await getPriceByName(symbol);
    return price
}
getStockPriceByName('goog').then( (result)=> {
    console.log(result);
}).catch((err)=>{
```

```
              console.log(err)
  })
```

在上面的代码中，当函数执行的时候，一旦遇到 await 就会先返回，等到异步操作完成后，再执行函数体内后面的语句。

同时，async 函数返回的 Promise 对象，必须等到内部所有 await 命令后面的 Promise 对象执行完成之后，状态才会发生改变，除非遇到 return 语句或者抛出错误。也就是说，只有 async 函数内部的异步操作执行完，才会执行 then() 方法指定的回调函数。

```
async function getTitle(url) {
  let url= await fetch(url);
  let html = await url.text();
  return html.match(/<title>([\s\S]+)<\/title>/i)[1];
}
getTitle(' https://github.com/').then()
```

在上面的代码中，函数 getTitle 内部有 3 个操作，即获取网页、获取文本和匹配标题。只有操作全部完成，才会执行 then() 方法里面的操作。

正常情况下，await 命令后面是一个 Promise 对象，如果不是 Promise 对象，则直接返回对应的值。

```
async function f() {
  return await 123;
}

f().then(v => console.log(v))        //返回 v 的数值
```

上面的代码中，await 命令的参数的值是 123，不是 Promise 对象，所以直接返回参数的数值。

当然，await 命令后面还可能是一个 thenable 对象，即定义 then() 方法的对象，那么 await 会将其等同于 Promise 对象。

```
class Sleep {
  constructor(timeout) {
    this.timeout = timeout;
  }
  then(resolve, reject) {
    …
  }
}

(async () => {
  const actualTime = await new Sleep(1000);
  console.log(actualTime);
})();
```

上面的代码中，await 命令后面是一个 Sleep 对象的实例，此实例虽然不是 Promise 对象，但是因为它定义了 then() 方法，所以 await 会将其视为 Promise 对象进行处理。

在 async 函数中，任何一个 await 语句后面的 Promise 对象变为 reject 状态，那么整个 async 函数都会中断执行。如果希望异步操作失败后不中断后面的异步操作，可以将异常的部分放在 try...catch 语句结构里面。

```
async function myFunction() {
        try {
            await somethingThatReturnsAPromise();
        } catch (err) {
            console.log(err);
        }
    }
```

当然，处理上面的问题还有另一种方法，即在 await 后面的 Promise 对象再跟一个 catch() 方法，用于处理前面可能出现的错误。

```
async function myFunction() {
        await somethingThatReturnsAPromise().catch((err)=> {
            console.log(err);
        })
    }
```

如果存在多个 await 命令修改的异步操作，且不存在继承关系，最好让它们同时触发。

```
let foo = await getFoo();
let bar = await getBar();
```

上面的代码中，getFoo()和 getBar()是两个独立的异步操作函数，不存在任何依赖关系。但是上面的代码被写成继发关系，因而比较耗时。因为只有 getFoo()执行完成以后才会执行 getBar()，其实完全可以让它们同时触发。如果确实希望多个请求并发执行，可以使用 Promise.all() 方法。

```
let [foo, bar] = await Promise.all([getFoo(), getBar()]);
```

3.3　Flexbox 布局

3.3.1　Flexbox 布局简介

无论是 Web 前端开发还是移动开发，布局技术都是必不可少的。如果读者从事过前端开发，那么对于著名的 CSS 盒模型必不陌生。

在传统的 HTML 文档中，每个元素都被描绘成一个矩形盒子，这些矩形盒子通过一个模型来描述其占用的空间，此模型即被称为盒模型。盒模型包含 margin、border、padding 和 content 4 个边界对象，如图 3-1 所示。

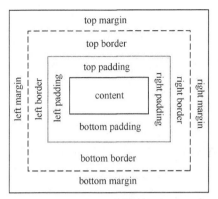

图 3-1 CSS 盒模型示意图

如图 3-1 所示，盒模型主要由 margin、border、padding 和 content 4 个属性构成。其中，margin 用于描述边框外的距离，border 用于描述围绕在内边距和内容外的边框，padding 用于表示内容与边框之间的填充距离，content 用于表示需要填充的空间。

由于 CSS 盒模型需要依赖于 position 属性、float 属性以及 display 属性来进行布局，所以对于一些特殊但常用的布局实现起来就比较困难。为此，W3C 组织提出了一种新的布局方案，即 Flexbox 布局。

Flexbox 是英文 Flexible Box 的缩写，又称为弹性盒子布局，旨在提供一个更加有效的方式制定、调整和排布一个容器里的项目布局，即使它们的大小是未知或者动态的。Flexbox 布局的主要思想是，让容器有能力使其子项目改变其宽度、高度（甚至顺序），并以最佳方式填充可用空间。

目前，市面上主流的浏览器对 Flexbox 布局都提供了很好的支持，支持情况如图 3-2 所示。

	IE	Edge	Firefox	Chrome	Safari	iOS Safari	Opera Mini	Chrome for Android	UC Browser for Android	Samsung Internet
				49						
				63						
				67		10.3				
			61	68		11.2				4
11	11	17	62	69	11.1	11.4	all	67	11.8	7.2
		18	63	70	12	12				
			64	71	TP					
				72						

图 3-2 主流浏览器对 Flexbox 布局的支持情况

React Native 实现了 Flexbox 布局的大部分功能，因此在实际应用开发中可以直接使用 Flexbox 布局来进行布局开发。React Native 中 Flexbox 布局和 Web 开发中的布局是基本一致的，只有少许差异，因此对于前端 Web 开发者来说只需要简单的学习即可上手。

在 Flexbox 布局中，按照作用对象的不同，可以将 Flexbox 布局属性分为决定子组件的属性和决定组件自身的属性两种。其中，决定子组件的属性有 flexWrap、alignItems、flexDirection 和 justifyContent，决定组件自身的属性有 alignSelf 和 flex 等。

3.3.2 flexDirection 属性

flexDirection 属性表示布局中子组件的排列方向，取值包括 column、row、column-reverse 和 row-reverse，默认值为 column。即在不设置 flexDirection 属性的情况下，子组件在容器中是按默认值 column 纵向排列的，如下所示。

```
export default class FlexDirection extends Component<Props> {
    render() {
        return (
            <View style={styles.container}>
                <Text style={styles.view_one}>视图 1</Text>
                <Text style={styles.view_two}>视图 2</Text>
            </View>
        );
    }
}

const styles = StyleSheet.create({
    container: {
        flex: 1,
        justifyContent: 'center',
        alignItems: 'center',
        backgroundColor: '#F5FCFF',
    },
    view_one: {
        height:200,
        width:200,
        textAlign:'center',
        fontSize:28,
        backgroundColor: 'red'
    },
    view_two: {
        height:200,
        width:200,
        textAlign:'center',
        fontSize:28,
        backgroundColor: 'green'
    },
});
```

运行上面的代码，效果如图 3-3 所示。

如果要改变容器中子组件的排列顺序，可以修改 flexDirection 属性的值，例如将 flexDirection 属性的值设置为 row，运行效果如图 3-4 所示。

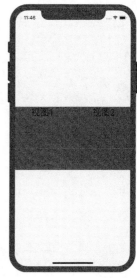

图 3-3　flexDirection 属性为 column 时的效果　　　图 3-4　flexDirection 属性为 row 时的效果

3.3.3 flexWrap 属性

flexWrap 属性主要用于控制子组件是单行还是多行显示，取值包括 wrap、nowrap 和 wrap-reverse，默认值为 wrap，即默认多行显示。

```
export default class FlexWrap extends Component<Props> {
    render() {
        return (
            <View style={styles.container}>
                <Text style={styles.view}>视图 1</Text>
                <Text style={styles.view}>视图 2</Text>
                <Text style={styles.view}>视图 3</Text>
            </View>
        );
    }
}


const styles = StyleSheet.create({
    container: {
        flex: 1,
```

```
            paddingTop: 200,
            justifyContent: 'center',
            alignItems: 'center',
            backgroundColor: '#F5FCFF',
            flexDirection: 'row',
            flexWrap: 'wrap'
        },
        view: {
            height: 150,
            width: 150,
            alignSelf: 'center',
            alignItems: 'center',
            fontSize: 28,
            backgroundColor: 'red'
        },
    });
```

在上面的示例中，由于 flexWrap 属性的值是 wrap，所以当子组件在一行显示不下时，就会换行显示，效果如图 3-5 所示。

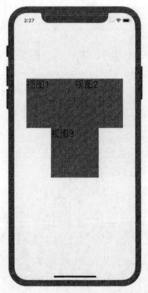

图 3-5　flexWrap 属性为 wrap 时的效果

3.3.4　justifyContent 属性

justifyContent 属性用于表明容器中子组件横向排列的位置，取值包括 flex-start、flex-end、center、space-between 和 space-around。下面是控制容器中子组件水平居中的示例，代码如下。

```
export default class JustifyContent extends Component<Props> {
    render() {
        return (
            <View style={styles.container}>
                <Text style={styles.view}>视图</Text>
            </View>
        );
    }
}

const styles = StyleSheet.create({
    container: {
        flex: 1,
        backgroundColor: '#F5FCFF',
        justifyContent: 'center',          //水平居中
        alignItems: 'center',
    },
    view: {
        height: 150,
        width: 150,
        textAlign:'center',
        fontSize: 28,
        backgroundColor: 'red'
    },
});
```

运行上面的代码，效果如图 3-6 所示。

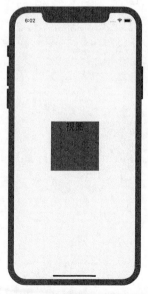

图 3-6　flexWrap 属性为 center 时的效果

　　和 justifyContent 属性类似，alignItems 属性也可以用于控制容器中子组件的排列方向，只不过 justifyContent 决定的是子组件在容器中横向排列的位置，而 alignItems 决定子组件在容器中纵向排列的位置。alignItems 属性的取值包括 flex-start、flex-end、center、baseline 和 stretch。

3.3.5　alignSelf 属性

　　alignSelf 属性用于表明组件在容器内部的排列情况，与 alignItems 属性不同，alignSelf 属性是在子组件内部定义的，取值包括 auto、flex-start、flex-end、center 和 stretch。下面是子组件在容器内部居中显示的示例，代码如下。

```
export default class AlignSelf extends Component<Props> {
    render() {
        return (
            <View style={styles.container}>
                <Text style={styles.view_two}>视图 2</Text>
            </View>
        );
    }
}


const styles = StyleSheet.create({
    container: {
        flex: 1,
        paddingTop:100,
        backgroundColor: '#F5FCFF',
    },
    view_two: {
        height: 150,
        width: 150,
        fontSize: 28,
        backgroundColor: 'red',
        alignSelf:'center'                    //容器内部居中
    },
});
```

　　运行上面的代码，效果如图 3-7 所示。

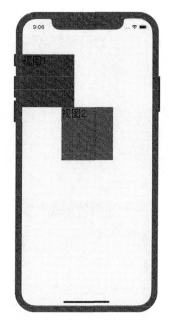

图 3-7 alignSelf 属性为 center 时的效果

3.3.6 flex 属性

flex 属性用于表明子控件占父控件的比例，即组件可以动态计算和配置自己所占用的空间大小，取值是数值，默认值为 0，即不占用任何父容器空间。例如，有两个并列的子控件，并且两个子控件都使用 flex 属性，那么每个子控件各占 1/2。

```
export default class Flex extends Component<Props> {
    render() {
        return (
            <View style={styles.container}>
                <Text style={styles.view}>视图 1</Text>
                <Text style={styles.view}>视图 2</Text>
            </View>
        );
    }
}

const styles = StyleSheet.create({
    container: {
        flex: 1,
        alignItems:'center',
        backgroundColor: '#F5FCFF',
```

```
        flexDirection:'row'
    },
    view: {
        height: 150,
        width: 150,
        fontSize: 28,
        backgroundColor: 'blue',
        flex: 1
    }
});
```

运行上面的代码，效果如图 3-8 所示。

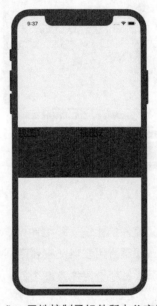

图 3-8　flex 属性控制子组件所占父容器的比例

flex 属性是 FlexBox 布局的重要内容之一，也是实现自适应设备和屏幕尺寸的核心。合理使用 flex 属性，可以提高页面开发的效率和质量。

3.4　本章小结

学习一门新的技术，就必须系统掌握与之相关的基础知识。本章主要从 JSX 语法、ES6 基础语法、布局和样式来介绍 React Native 开发中的基础知识。通过本章的学习，读者将会对 React Native 开发中的基础语法有一个初步的认识，为后面的学习提供理论基础。

第 4 章
React 技术详解

4.1　React 简介

　　React 作为目前流行的前端三大框架之一，其主要作用是为 MVC 模式中的视图（View）层构建界面视图。除此之外，React 还可以以插件的形式作用于 Web 应用程序的非视图部分，实现与其他 JavaScript 框架的整合。

　　作为 Facebook 技术团队研发的前端技术框架，React 最早应用在 Facebook 的新闻流项目 newsfeed 和 Instagram 网站中，并最终在 2013 年 5 月美国 JSConf 大会上开源发布。React 框架的设计思想非常独特，并且性能出众、代码逻辑简单，因此越来越多的前端开发人员开始使用它来开发前端项目。截至 2019 年 4 月，React 项目已经获得了超过 13 万人的支持（star），如图 4-1 所示。

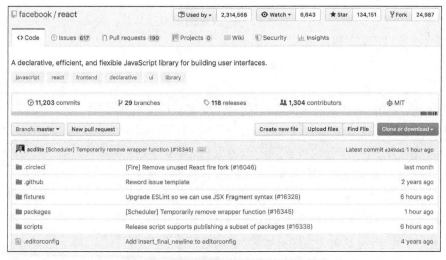

图 4-1　托管在 GitHub 上的 React 项目

　　同时,为了减少传统前端开发中直接操作 DOM 带来的昂贵开销,React 转而使用虚拟 DOM 来操作 DOM 的更新。图 4-2 清晰地展示了 React 框架的基本结构,描述了 React 底层与浏览器的沟通机制。

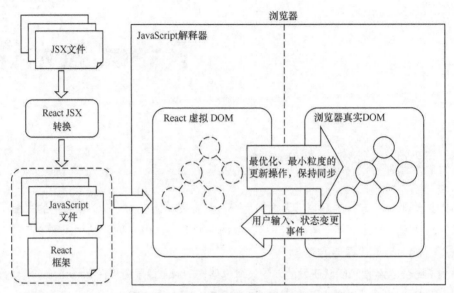

图 4-2　React 框架结构原理示意图

　　文档对象模型,简称 DOM,是 W3C 组织推荐的处理可扩展标志语言的标准编程接口。在 HTML 网页开发中,页面对象元素被描述成一个树形结构,而用来表示文档结构对象的标准模型就称为 DOM。

　　在传统的 HTML 页面开发中,如果要更新页面的内容或元素,需要将整个页面重新绘制,这样的操作无论对于服务器还是客户端都是不友好的。为了解决这类问题,AJAX 局部更新技术被提出,不过 AJAX 在代码的编写、维护、性能以及更新粒度的控制上,都没有达到完美的状态。

　　在 React 框架中,为了解决页面元素的更新问题,React 底层设计了一个虚拟 DOM。此虚拟 DOM 与页面真实 DOM 进行映射,当数据变化时,React 就会重新构建整个 DOM 树,并通过底层的 diff 算法找到 DOM 的差异部分,然后浏览器只需要更新变化的部分即可。虚拟 DOM 是 React 框架中一个比较核心的内容,是 React 出色性能的根本。

　　除了性能方面的考虑外,React 引入虚拟 DOM 的意义还在于提供了一种新的开发方式,即借助虚拟 DOM 技术来实现服务器端应用、Web 应用和移动手机应用的跨平台开发。

　　在 React 框架中,还有一个比较重要的概念,即数据的单向流动,数据默认从父节点传递到子节点。具体来说,父节点数据通过 props 传递到子节点,如果父节点的 props 值发生了改变，那么其所有的子节点也会执行重新渲染操作。这样设计的好处是，使得组件足够扁平，更加便于维护。

4.2　React 组件详解

4.2.1　React 组件基础知识

组件作为 React 的核心内容，是视图页面的重要组成部分，每一个视图页面都由一个或多个组件构成，可以说组件是 React 应用程序的基石。在 React 的组件构成中，按照状态来分，可以分为有状态组件和无状态组件。

所谓无状态组件，指的是没有状态控制的组件，只做纯静态展示。无状态组件是最基本的组件存在形式，它由 props 属性和 render 渲染函数构成。由于不涉及状态的更新，所以这种组件的复用性也最强。

有状态组件是在无状态组件的基础上增加了组件内部状态管理。之所以被称为有状态组件，是因为有状态组件通常会带有生命周期（lifecycle），用以在不同的时刻触发组件状态的更新，有状态组件被大量使用在业务逻辑开发中。

目前，React 支持 3 种方式来定义一个组件，如下所示。

- ES5 的 React.createClass 方式
- ES6 的 React.Component 方式
- 无状态的函数组件方式

在 ES6 出现之前，React 使用 React.createClass 方式来创建一个组件类，它接收一个对象作为参数，对象中必须声明一个 render() 方法，它返回一个组件实例。

```
import React from 'react';

const TextView = React.createClass({
//初始化组件状态
getInitialState () {
    return {
    };
  },

  render() {
    return (
      <div>我是一个 Text</div>
    );
```

```
    }
});
export default TextView;
```

不过，随着 React 版本的持续升级，ES5 的 React.createClass 方式暴露的问题也越来越多。例如，使用 React.createClass 创建的组件，事件函数会自动绑定相关的函数，这样会导致不必要的性能开销，而 React.Component 则是有选择性地进行函数绑定，因此绑定操作需要开发者手动触发，不过好处是性能更强。

随着 ES6 语法的普及，React.createClass 也逐渐被 React.Component 方式替代。并且，使用 React.Component 方式创建的组件更符合面向函数编程思想，可读性也更强。下面是使用 React.Component 方式创建 TextView 的实例，代码如下。

```
import React,{Component} from 'react'

class TextView extends Component {
//初始化组件状态
constructor(props) {
    super(props);      //传递 props 给 component
    this.state = {
    };
  }

    render() {
      return (
        <div>我是一个 Text</div>
          );
      }
}
export default TextView;
```

通过 React.createClass 和 React.Component 方式创建的组件都是有状态的组件，而如果要创建无状态组件则需要通过无状态的函数来创建。无状态组件是 React 在 0.14 版本新推出的一种组件形式，只负责数据展示。它的特点是不需要管理组件状态 state，数据直接通过 props 传入即可，这也符合 React 单向数据流的思想。

对于无状态组件的函数式声明方式，不仅可以提高代码的可读性，还能大大减少代码量，提高代码的复用率，箭头函数则是函数式编程的最佳搭档。

```
const Todo = (props) => (
  <li
    onClick={props.onClick}
    style={{textDecoration: props.complete ? "line-through" : "none"}}>
    {props.text}
  </li>
)
```

对于上面定义的 Todo 组件，输入/输出数据完全由 props 决定，如果 props 类型为 Object，还可以使用 ES6 提供的解构赋值。

```
const Todo = ({ onClick, complete, text, ...props }) => (
  <li
    onClick={onClick}
    style={{textDecoration: complete ? "line-through" : "none"}}
    {...props}
  >
    {props.text}
  </li>
)
```

无状态组件一般会搭配高阶组件（简称 OHC）一起使用，高阶组件主要用来托管 state。Redux 框架就是通过 store 来管理数据源和组件的所有状态，其中所有负责展示的组件都使用无状态函数式写法。无状态组件也被大规模应用在大型应用程序中。

虽然无状态组件具有诸多的优势，但也不是万能的。比如，无状态组件在被 React 调用之前，组件还没有被实例化，所以它不支持 ref 特性。

4.2.2　props

React 组件化的开发思路一直为人所称道，而组件最核心的两个概念莫过于 props 与 state，组件的最终呈现效果也是 props 和 state 共同作用的结果。总体来说，props 是组件对外的接口，而 state 则是组件对内的接口。一般情况下，props 是不变的，其基本的使用方法如下。

```
{this.props.key}
```

在典型的 React 数据流模型中，props 是父子组件交互的唯一方式，下面的例子演示了如何在组件中使用 props，代码如下。

```
class HelloMessage extends Component{
    constructor(props){
        super(props);
        this.state = {
            name: 'jack'
        }
    }

    render(){
        return (
            <h1> Hello {this.props.name}</h1>
        )
    }
}
export default Message;
```

　　在上面的例子中，通过构造函数为属性设置初始值。当然，也可以不设置初始值，当需要使用 name 属性的时候可以通过{this.props.name}方式获取。在 ES5 语法中，如果想要为组件的属性设置默认值，需要在 getDefaultProps()方法中设置，如下所示。

```
var HelloMessage = React.createClass({
  //设置初始值
  getDefaultProps: function() {
    return {
      name: 'jack'
    };
  },
  render: function() {
    return <h1>Hello {this.props.name}</h1>;
  }
});

ReactDOM.render(
  <HelloMessage />,
  document.getElementById('example')
);
```

props 作为父子组件沟通的桥梁，为组件之间的通信和传值提供了重要手段。例如，下面是一个子组件 Child.js。

```
export default class Child extends Component {

    constructor(props){
        super(props);
        this.state={
            counter:props.age||0
        }
    }

    render() {
        return (
            <h1>Hello {this.props.name}</h1>
        )
    }
}

Child.propTypes={
    name:PropTypes.string.isRequired,
    age:PropTypes.number
}

Child.defaultProps={
```

```
        age:0
    }
```

如果父组件需要向子组件传递数据，只需要在组件中引入子组件，然后使用组件提供的 props 属性，即可向子组件参数数据。

```
export default class Father extends Component {

    render() {
        return (
            <div>
                <Child name="jack" age={30}/>
                <Child name="tom" age={20}/>
            </div>
        )
    }
}
```

在上面的代码中，子组件 props 接收的数据格式由 PropTypes 进行检测，如果是必传参数，且还需要在组件之间进行数据传递时，props 使用 PropTypes 来保证传递数据的类型和格式，当向 props 传入无效数据时，JavaScript 的控制台会给出警告提示。

4.2.3　state

如果说 props 是组件对外的接口，那么 state 就是组件对内的接口。state 作为组件的私有属性，只能被本组件访问和修改；而 props 对于使用它的组件来说是只读的，如果想要修改 props，只能通过组件的父组件修改。

React 把组件看成一个特殊的状态机，通过与用户的交互实现不同状态，进而渲染界面，让用户界面和数据保持一致。在 React 中，如果需要使用 state，就需要在组件的 constructor 中初始化相关的 state。例如：

```
constructor(props) {
    super(props);
    this.state={
        key:value,
        ...
    }
}
```

如果需要更新组件的 state，可以使用组件提供的 setState()方法。

```
this.setState({
    key:value
});
```

需要注意的是，在调用 setState 函数执行更新操作时，组件的 state 并不会立即改变，因为 setState 操作是异步的。setState 操作只是把要修改的状态放入一个队列中。出于性能原因，React 可能会对多次 setState 状态修改进行合并修正，所以当我们使用{this.state}获取状态时，可能并不是我们需要的那个 state。同理，也不能依赖当前的 props 来计算组件的下一个状态，因为 props 一般也是从父组件的 state 中获取的，依然无法确定组件在状态更新时的值。

同时，在调用 setState 修改组件状态时，只需要传入需要改变的状态变量即可，不必传入组件完整的 state，因为组件状态的更新是一个浅合并的过程。

```
this.state = {
  title : 'React',
  content : 'React is an wonderful JS library!'
}
```

当需要修改 title 属性的状态时，只需要调用 setState()修改 title 的内容即可。

```
this.setState({title: 'React Native'});
```

由于状态的更新只是一个浅合并的过程，所以合并后的 state 只修改了新 title，同时保留 content 的原有状态，因此合并后的内容如下。

```
{
  title : 'React Native ',
  content : 'React is an wonderful JS library!'
}
```

4.2.4 ref

在典型的 React 数据流模型中，props 作为父子组件交互的最常见方式，主要通过父组件传递一个 props 值给子组件来实现。除了 props 方式外，在某些特殊的情况下还可以使用 ref 方式来修改子组件。

React 提供的 ref 属性，其本质就是调用 ReactDOM.render()返回的组件实例，用来表示对组件真正实例的引用。具体使用时，可以将它绑定到组件的 render()上，然后就可以用它输出组件的实例。

ref 不仅可以挂载到组件上，还可以作用于具体的 DOM 元素。具体来说，挂载组件使用 class 定义，表示对组件实例的引用，此时不能在函数式组件上使用 ref 属性，因为它们不能获取组件的实例。而挂载到 DOM 元素时，ref 则可以表示具体的 DOM 元素节点。

ref 支持两种调用方式：一种是设置回调函数，另一种是字符串的方式。其中，设置回调函数是官方推荐的方式，使用它可以更细致地控制 ref。使用回调函数的方式，ref 属性接收一个回调函数，它在组件被加载或者卸载时将被立即执行。具体来说，当给 HTML 元素添加 ref 属性后，ref 回调函数接收底层的 DOM 元素作为参数，当组件卸载时，ref 回调函数会接收一个 null 对象作为参数。

```
class Demo extends React.Component{
  constructor(props) {
    super(props);
    this.state = {
      isInputshow:false      //控制 input 是否渲染
    }
  }

  inputRefcb(instance){
    if(instance) {
      instance.focus();
    }
  }

  render() {
    {
      this.state.isInputshow ?
      <div>
        <input ref={this.inputRefcb} type="text" />
      </div>
      : null
    }
  }
}
```

在上面的代码中，触发回调函数的时机主要分为以下 3 种情况。

- 组件被渲染后，回调参数 instance 作为 input 的组件实例的引用，可以立即使用该组件。
- 组件被卸载后，回调参数 instance 此时为 null，这样可以确保内存不被泄露。
- ref 属性本身发生改变，原有的 ref 会再次被调用，此时回调参数 instance 变成具体的组件实例。

如果使用字符串的方式，则可以通过{this.refs.inputRef}来获取组件实例。

```
class Demo extends React.Component{
  constructor(props) {
    super(props);

    onFocus(){
     this.refs.inputRef.focus()
    }
  }
  render() {
    <div>
      <input ref="inputRef" type="text" />
    </div>
```

```
       <input type="button" value="Focus" onClick={this.onFocus} />
   }
}
```

同时，官方明确声明，不能在函数式声明组件中使用 ref，因为它们不能获取组件的实例。例如，下面是一个错误的示例。

```
function InputComponent() {
  …
  return <input />;
}

class Demo extends React.Component {
  render() {
    //编译不通过
    return (
      < InputComponent
        ref={(input) => { this.textInput = input; }} />
    );
  }
}
```

在某些情况下，可能需要从父组件中访问子组件的 DOM 节点，那么可以在子组件中暴露一个特殊的属性给父组件调用。子组件接收一个函数作为 prop 属性，同时将这个函数赋予到 DOM 节点作为 ref 属性，那么父组件就可以将它的 ref 回调传递给子级组件的 DOM。这种方式对于 class 声明的组件和函数式声明的组件都是适用的。

```
function TextInput(props) {
  return (
    <div>
      <input ref={props.inputRef} />
    </div>
  );
}

class Father extends React.Component {
  render() {
    return (
//子组件通过 ref 传入 inputRef 函数
      < TextInput  inputRef={e => this.inputElement = e}  />
    );
  }
}
```

在上面的代码中，父组件 Father 将它的 ref 回调函数通过 inputRef 属性传递给 TextInput 函数，而 TextInput 又将这个回调函数作为 input 元素的 ref 属性。那么，父组件 Father 就可以通过{this.inputElement}获取子组件的 input 对应的 DOM 元素。当然，暴露 DOM 的 ref 属性除了方便在父组件中访问子组件的 DOM 节点，还可以实现多级组件的跨层级调用。

4.3 React 高阶组件

4.3.1 定义与实现

所谓高阶组件，就是一个接收 React 组件作为参数，并返回一个新的 React 组件的组件。也就是说，高阶组件通过包裹被传入的 React 组件，经过一系列处理，最终返回一个相对增强的 React 组件。

```
export default function withHeader(WrappedComponent) {

  return class HOC extends Component {
    render() {
      return <div>
        <div className=" header">
            我是标题
        </div>
        <WrappedComponent {...this.props}/>
      </div>
    }
  }
}
```

高阶组件从本质上来说是一个函数，而不是一个组件。上面的代码定义了一个最简单的高阶组件，它接收一个 WrappedComponent 组件，经过包裹后返回一个新的组件 HOC。

同时，被定义的高阶组件还可以被其他普通组件使用。

```
@withHeader
export default class Demo extends Component {
  render() {
    return (
      <div>
          我是一个普通组件
      </div>
    );
  }
}
```

在上面的代码中，@withHeader 使用的是 ES7 的装饰器语法，其含义等同于下面的表达式。

```
const EnhanceDemo = withHeader(Demo);
```

通过观察 React 组件树结构，可以发现 Demo 组件被 HOC 高阶组件包裹起来，如图 4-3 所示。

```
▼<Main>
  ▼<Provider IndexStore=Store{…}>
    ▼<div>
      ▼<HOC> == $r
        ▼<div>
            <div className="demo-header">我是标题</div>
          ▶<Demo>…</Demo>
        </div>
      </HOC>
```

图 4-3　高阶组件树结构

如果在某个组件中多次使用同一个高阶组件,在调试的时候将会看到一大堆相同的高阶组件。为了解决同一个组件多次调用高阶组件的问题,使用时需要保留高阶组件的原有名称。

```
function getDisplayName(component) {
  return component.displayName || component.name || 'Component';
}


export default function (WrappedComponent) {
  return class HOC extends Component {
    //保留原有组件名称
    static displayName = `HOC(${getDisplayName(WrappedComponent)})`
    render() {
      return <div>
        <div className="demo-header">
          我是标题
        </div>
        <WrappedComponent {...this.props}/>
      </div>
    }
  }
}
```

在上述代码中,通过 getDisplayName()函数及静态属性 displayName 可以实现对高阶组件原有名称的保留。通过调试发现,为组件添加的名称正确地显示在了 DOM 树结构上。经过改造的 React 组件树的结构如图 4-4 所示。

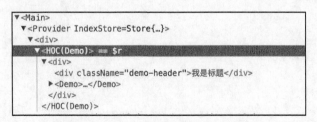

```
▼<Main>
  ▼<Provider IndexStore=Store{…}>
    ▼<div>
      ▼<HOC(Demo)> == $r
        ▼<div>
            <div className="demo-header">我是标题</div>
          ▶<Demo>…</Demo>
        </div>
      </HOC(Demo)>
```

图 4-4　React 组件树层次结构示意图

大多数情况下,特别是在视图组件比较多而容器组件比较少、交互复用性较低的情况下,高阶组件起不到什么作用。但是,掌握 React 高阶组件不仅可以提高代码的复用率,还可以降低代码的复杂度，优化代码的层次结构，因此是一项需要掌握的基本技术。

4.3.2 分类

在 React 中，实现高阶组件主要有两种方式：属性代理和反向继承。其中，属性代理通过返回包裹原组件并添加额外功能来实现高阶组件；而反向继承则是通过返回继承原组件来控制 render 函数，进而实现高阶组件。

属性代理是最常见的高阶组件的实现方式，主要通过包裹原组件并添加额外功能来实现。

```
const Container = (WrappedComponent) =>class extends Components{
    render(){
        const newProps={
            text:'newText',
        }
        return <WrappedComponent {...this.props} {...newProps} />
    }
}
```

在上面的代码中，通过在原组件上添加 newProps 属性来实现高阶组件。

反向继承主要通过类继承的方式来实现。相比属性代理，反向继承能够访问到的区域和权限更多。

```
const Container = (WrappedComponent) = > class extends WappedComponent {
    render (){
        return super.render();
    }
}
```

反向继承则是通过继承 WrappedComponent 来实现。由于高阶组件被动继承 WrappedComponent，因此所有的调用都会反向。在反向继承方法时，高阶组件可以使用 WrappedComponent 的引用，即可以使用 WrappedComponent 组件的 state、props、生命周期和 render()等，从而达到渲染不同输出结果的目的。

4.3.3 命名与参数

在 React 开发中，当高阶组件包裹普通组件时，普通组件的名称和静态方法都会丢失，为了避免这种情况，此时需要为普通原始组件添加标识组件名称的 displayName 属性。

```
class HOC extends ...{
 static displayName = `HOC(${getDisplayName(WrappedComponent)})`;
}
//getDisplayName 方法
function getDisplayName (WrappedComponent){
```

```
        return WrappedComponent.displayName ||
               WrappedComponent.name ||
               'Component';
}
```

作为一种新的组件表现方式，高阶组件本质上是一个函数。既然高阶组件是一个函数，那么就可以通过传入不同的参数来得到不同的高阶组件，这一操作也被称为柯里化。

```
function HOCFactoryFactory(...params){
    //通过改变 params 来显示不同结果
    return class HOCFactory(WrappedComponent){
        remder(){
            return <WrappedComponent {...this.props} />
        }
    }
}
```

作为一种新的组件存在形式，高阶组件有效地解决了程序开发中的解耦和灵活性问题。但是高阶组件也不是万能的，它也存在着一系列问题，常见的如静态方法丢失和 ref 属性不能传递，因此在使用高阶组件时候应尽量遵循以下准则。

- 不要在组件的 render()中使用高阶组件，也尽量避免在组件的其他生命周期方法中使用高阶组件。
- 如果需要使用被包装组件的静态方法，那么必须手动复制静态方法。
- ref 应避免传递给包装组件。

4.4 组件通信

在 React 开发中，特别是大中型应用开发中，不可避免会涉及组件间的通信问题。按照通信双方的关系，组件之间的通信大体可以分为：父子组件通信、跨级组件通信和兄弟组件通信。

4.4.1 父子组件通信

父子组件通信是组件间通信的最常见方式之一，父子组件通信主要分为父组件向子组件通信和子组件向父组件通信两种。其中，父组件通过 props 将值传递给子组件，子组件则通过 this.props 得到父组件传递的数据，当子组件接收到父组件传递的数据后再进行相应的处理。

```
class Parent extends Component{        //父组件
    state = {
        parms: 'father send msg to child'
    };
```

```
    render() {
        return <Child parms={this.state.parms} />;
    }
}

class Child extends Component{      //子组件
    render() {
        return <p>{this.props.parms}</p>
    }
}
```

如果子组件要向父组件传递数据，则可以使用回调函数和自定义事件两种方式，其中，回调函数方式是最常见的。具体来说，父组件将一个函数作为 props 传递给子组件，然后子组件调用该回调函数便可以向父组件传值。

```
class Parent extends Component {      //父组件

    constructor(props) {
        super(props);
        this.state = {
            parms: 'child send msg to father'
        };
    }

    transMsg(types) {
        console.log(type)
    }

    render() {
        return <Child parms={this.state.parms}/>;
    }
}

class Child extends Component{          //子组件

    constructor(props) {
        super(props);
        console.log("parms :",this.props.parms);
        this.props.transMsg("hi,father");
    }

    render() {
        return <p>{this.props.parms}</p>
    }
}
```

当然，也可以在子组件中自定义事件，然后在父组件中使用子组件自定义的事件来实现父子组件的数据传递。

4.4.2 跨级组件通信

所谓跨级组件通信，就是父组件与子组件的子组件或者向更深层的子组件进行的通信。跨级组件通信主要有两种实现方式：使用组件 props 进行层层传递和使用 context 对象进行传递。

使用组件的 props 进行层层传递的方式不需要过多解释，顾名思义，只需要逐层传递 props 即可。但是使用此方式进行跨级组件通信会有一个致命的问题，即如果需要传递的组件结构较深时，那么中间的每一层组件都要去传递 props，增加了程序的复杂度，并且这些 props 对于中间组件来说往往是无用的。因此在实际开发中，并不建议使用这种方式。

使用 context 对象方式则可以解决组件嵌套过深的问题，context 相当于一个全局变量，可以把需要通信的内容放到全局变量中，这样不管嵌套有多深，都可以随意取用。使用 context 需要满足以下两个条件。

- 父组件需要声明支持 context，并提供一个函数来返回相应的 context 对象。
- 子组件声明需要使用的 context 对象，并提供需要使用的 context 属性的 PropTypes。

例如，有 3 个组件，其中 Father 是 GrandFather 的子组件，GrandSon 是 Father 的子组件，如果 GrandFather 组件要和 GrandSon 组件通信，那么就可以使用 context 对象方式。

```
export default class GrandSon extends Component {
    //子组件声明自己要使用 context
    static contextTypes = {
        color: PropTypes.string,
    };
    static propTypes = {
        value: PropTypes.string,
    };

    render() {
        const { value } = this.props;
        return (
            <li style={{ background: this.context.color }}>
                <span>{value}</span>
            </li>
        );
    }
}

export default class Father extends Component {
```

```
        //声明自己要使用的context
        static fatherContextTypes = {
            color: PropTypes.string,
        };
        static propTypes = {
            name: PropTypes.string,
        };

        //提供一个函数,用来返回context对象
        getFatherContext() {
            return {
                color: 'red',
            };
        }

        render() {
            const {list} = this.props;
            return (
                <div>
                    <ul>
                        {
                            list.map((entry, index) =>
                                <GrandSon key={`list-${index}`} value={entry
.text}/>,
                        )
                    }
                    </ul>
                </div>
            );
        }
    }

    class GrandFather extends Component{

        render() {
            return (
                <div>
                    <Father  name='GrandFather'/>
                </div>
            );
        }
    }
```

在父子组件通信模型中,如果是父组件向子组件单向通信,可以使用变量;如果是子组件向父组件通信,则可以由父组件提供一个回调函数,然后子组件调用该函数即可。

　　在上面的代码中，父组件需要声明自己支持 context，并提供 context 中所需的属性 PropTypes。子组件需要声明自己要使用 context，并提供其需要使用的 context 属性的 PropTypes。父组件提供了一个 getFatherContext()用来返回 context 对象，供子组件使用。

　　需要说明的是，如果组件中使用了构造函数，为了不影响跨级组件通信，还需要在构造函数中传入第二个参数 context，并在 super 中调用父类构造函数时传入 context，否则会造成组件无法使用 context 的问题。

```
constructor(props,context){
  super(props,context);
}
```

　　使用 context 虽然能够明显减少逐层传递带来的组件结构复杂性问题，但是过多地使用 context 会让代码变得更加混乱，因此使用 context 方式进行跨级组件通信时还需要考虑实际情况。

4.4.3　非嵌套组件通信

　　非嵌套组件，就是没有任何包含关系的组件，包括兄弟组件以及不在同一个父级中的非兄弟组件。如图 4-5 所示，B 和 C 是兄弟关系，因为它们都有一个共同的父组件 A。

　　对于非嵌套组件来说，实现通信主要有两种方式：利用共同父组件的 context 对象通信和自定义事件方式通信。

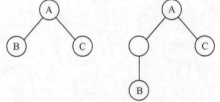

图 4-5　非嵌套组件表现示意图

　　在 React 中，兄弟组件是不能直接通信的，而是需要通过状态提升的方式来实现兄弟组件的通信。也就是说，需要通过共同的父级组件来中转。不过，如果组件的层次较深，寻找公共的父组件并不是一件容易的事情，所以选择此方式时要慎重。

　　使用自定义事件是解决非嵌套组件通信的另一种方式。自定义事件方式是一种典型的发布/订阅模型，主要通过给事件对象上添加监听器和触发事件来实现组件之间的通信。具体来说，在组件的 componentDidMount 中声明一个自定义事件，需要取消订阅事件时，在组件的 componentWillUnmount 中取消。

　　例如，ComponentA 和 ComponentB 是两个没有任何嵌套关系的兄弟组件，AppTest 是它们共同的父组件，现在需要实现点击 ComponentB 中的一个按钮来改变 ComponentA 中的文本的显示信息。

　　如果要通过自定义事件的方式来实现非嵌套组件的通信，则需要借助 Node 的 events 模块，因此使用之前需要先安装 events 模块。

```
npm install events --save
```

然后在 src 目录下新建一个 events.js 文件。

```
import { EventEmitter } from 'events';
export default new EventEmitter();
```

再新建一个 ComponentA.js 文件，然后在组件的 componentDidMount() 中声明一个自定义事件，并在 componentWillUnmount() 中取消事件的订阅。

```
export default class ComponentA extends Component {

    constructor(props) {
        super(props);
        this.state = {
            message: 'ComponentA',
        };
    }

    //声明一个自定义事件
    componentDidMount() {
        this.eventEmitter = events.addListener('changeMessage', (message)
=> {
            this.setState({
                message,
            });
        });
    }

    //取消事件订阅
    componentWillUnmount() {
        events.removeListener(this.eventEmitter);
    }

    render() {
        return (
            <div>
                {this.state.message}
            </div>
        );
    }
}
```

接着,在组件 ComponentB 中添加一个点击事件,并使用自定义事件方式将消息发送出去,当 ComponentA 收到 ComponentB 发过来的消息后，就驱动页面做出相应的反应。

```
export default class ComponentB extends Component {

    handleClick = (message) => {
        events.emit('changeMessage', message);
    };
```

```
    render() {
        return (
            <div>
                <button onClick={this.handleClick.bind(this, 'ComponentB
')}>点击发送信息</button>
            </div>
        );
    }
}
```

最后，可以添加一个测试用例，来模拟这两个非嵌套组件的通信。

```
export default class AppTest extends Component {

    render() {
        return (
            <div>
                <ComponentA/>
                <ComponentB/>
            </div>
        );
    }
}
```

通过上面的示例可以发现，非嵌套组件通信使用的自定义事件方式是典型的发布/订阅模式，即通过向事件对象上添加监听器和触发事件来实现组件之间的通信。

在组件通信的过程中，由于通信双方的关系不同，所以在选择通信方式的时候需要根据具体的情况来选择。

4.5 事件处理

4.5.1 事件监听与处理

React 的事件处理方式和传统的 HTML 事件处理非常相似，但是有一些语法上的区别。

- React 事件使用驼峰命名法，而非全部小写。
- 在 React 中，可以传递一个函数作为事件的处理函数，而不是一个简单的字符串。

在 React 开发中，事件处理是一件非常容易的事情。开发者不需要手动调用浏览器原生的 addEventListener 进行事件监听，只需要给 React 元素添加 onClick、onKeyDown 函数即可。

```
class Demo extends Component {
  handleClick () {
```

```
      console.log('Click me')
    }

  render () {
    return (
      <button  onClick={this.handleClick}>React 实战</ button >
    )
  }
}
```

在上面的代码中，为按钮添加了一个 onClick 点击事件，当用户点击按钮的时候就会触发 handleClick 的函数事件。

除此之外，与传统的 HTML 事件处理不同，React 的事件处理不能通过返回 false 来阻止某个默认行为。例如，对于一个纯 HTML，想要阻止链接打开一个新页面的默认行为，可以采用返回 false 的方式来实现。

```
<a href="#" onclick="console.log('The link was clicked.'); return false">
  Click me
</a>
```

之所以有区别，是因为 React 并没有使用浏览器的原生事件，而是在虚拟 DOM 的基础上实现了一套合成事件，即 SyntheticEvent。因此 React 的事件处理程序接收的是 SyntheticEvent 的实例。在 React 中，如果要中断某个事件行为，可以通过调用合成事件的 stopPropagation() 或 preventDefault() 来实现。

```
function ActionLink() {
  function handleClick(e) {
    e.preventDefault();
  }

  return (
    <a href="#" onClick={handleClick}>
      Click me
    </a>
  );
}
```

其中, stopPropagation() 是阻止事件传递的, 目的是不让事件分派到其他 Document 节点, 但是默认事件依然会执行。preventDefault() 则是为了通知浏览器不要执行与事件关联的默认动作。调用此函数时，事件会被继续传递。

4.5.2　event 事件与 this 关键字

和浏览器处理事件监听一样，React 处理事件监听时也需要传入一个 event 对象，这个 event 对象和浏览器 event 对象所包含的方法和属性基本一致。不同的是，React 的 event 对象并不是由浏览器提供的，而是 React 在虚拟 DOM 的基础上实现的一套合成事件。由于 React 提供的合成事件完全符合 W3C 标准，因此在事件层次上完全兼容浏览器，并且拥有和原生浏览器事件一样的接口。

```
class Demo extends Component {
  handleClick (e) {
    console.log(e.target.innerHTML)
  }

  render () {
    return (
      <button  onClick={this.handleClick}>React 实战</button>
    )
  }
}
```

在上面的代码中，当用户点击按钮的时候，handleClick 事件就会响应，然后按钮的 innerHTML 就会被打印出来。

一般在某个类的实例方法中，this 指代的是类实例本身。但是在上面实例的 handleClick() 中打印 this，会发现输出的并不是实例本身，而是输出 null 或者 undefined。

```
handleClick (e) {
  console.log(this)     // this 为 null 或 undefined
}
```

之所以获取不到对象的实例，是因为 React 在调用 handleClick() 时，并不是通过对象的方法调用的，而是直接通过函数调用，所以事件监听函数内就不能通过 this 获取 handleClick() 的实例。

如果想通过事件函数获取当前对象的实例，需要手动将实例方法绑定到当前实例上，然后传递给 React 组件。

```
render () {
  return (
    <button  onClick={this.handleClick.bind(this)}>React 实战</button>
  )
}
```

当然，在使用 bind() 绑定事件监听函数的时候，还可以给事件监听函数传入一些参数。

```
render () {
  return (
    <button  onClick={this.handleClick.bind(this, 'param')}>React 参数</button>
  )
}
```

在 React 开发中，通过 bind 方式实现事件监听是非常常见的。bind 是 React 在 ES5 版本引入的事件监听机制，语法格式如下。

```
Function.prototype.bind ()
```

当调用函数对象的 bind()方法时，系统会重新创建一个函数，新函数的行为和原函数一样，因为它是由指定的 this 和初始化参数改造的原函数。如果要给事件处理函数传递多个参数，则可以使用 bind(this, arg1, arg2, ...)格式。

```
function f(){
  return this.a;
}
var g = f.bind({a:"azerty"});
console.log(g());              // azerty
var h = g.bind({a:'yoo'});     // bind 只生效一次！
console.log(h());              // azerty
```

4.5.3　EventEmitter 在 React Native 中的应用

在 React Native 跨平台开发中，特别是和原生平台混合开发时，经常会遇到跨平台通信的问题。如果原生模块想要向 JavaScript 层传递消息，可以使用官方提供的 EventEmitter。具体来说，iOS 使用的是 RCTEventEmitter，Android 使用的是 RCTDeviceEventEmitter。

对于 iOS 环境来说，如果原生模块想要给 JavaScript 层发送消息，最直接的方式就是使用 eventDispatcher 的 sendEventWithName()方法实现。例如，下面是官方给出的 iOS 原生平台和 JavaScript 层通信的示例。

```
#import "RCTBridge.h"
#import "RCTEventDispatcher.h"

@implementation CalendarManager

@synthesize bridge = _bridge;

- (void)calendarEventReminderReceived:(NSNotification *)notification
{
  NSString *eventName = notification.userInfo[@"name"];
  [self.bridge.eventDispatcher sendAppEventWithName:@"EventReminder"
  body:@{@"name": eventName}];
}

@end
```

上面是 iOS 原生端的事件监听代码，要实现和 iOS 原生端的通信，还需要在 JavaScript 层使用 addListener()订阅该事件，并在事件使用完之后取消事件的订阅，即在 componentWillUnmount 生命周期函数中取消事件的订阅。

```
import { NativeAppEventEmitter } from 'react-native';
```

```
var subscription = NativeAppEventEmitter.addListener(
'EventReminder', (reminder) => console.log(reminder.name)
);
...
//取消事件订阅
componentWillUnmount(){
subscription.remove();
}
```

在上面的代码中，JavaScript 层通过 NativeAppEventEmitter.addListener 注册一个通知，iOS 端则通过 bridge.eventDispatcher sendAppEventWithName 发送一个通知，最终形成一种调用关系。

除了 sendAppEventWithName 方式外，eventDispatcher 还提供了 sendDeviceEventWithName 和 sendInputEventWithName 两种方式，如表 4-1 所示。

表 4-1　iOS 原生与 JavaScript 层交互函数关系表

原生端函数	JavaScript 层接口
sendAppEventWithName	RCTAppEventEmitter
sendDeviceEventWithName	RCTDeviceEventEmitter
sendInputEventWithName	RCTInputEventEmitter

对于 Android 环境来说，如果原生模块想要给 JavaScript 层发送消息，则需要借助 DeviceEventEmitter 模块，Android 原生模块使用 RCTDeviceEventEmitter 来注册事件，然后通过 emit()来提交事件。例如，下面是原生 Android 注册事件的核心代码。

```
getReactApplicationContext()
    .getJSModule(DeviceEventManagerModule.RCTDeviceEventEmitter.class)
    .emit("EventReminder", null);
```

然后，在 JavaScript 层使用 RCTDeviceEventEmitter 来注册监听事件，在使用完后还需要在 componentWillUnmount 生命周期函数中移除监听事件。

```
import {DeviceEventEmitter} from "react-native"

componentWillMount(){
   DeviceEventEmitter.addListener("EventReminder",(e)=>{
      console.log("DeviceEventEmitter  addListener …")
   })
}

componentWillUnmount(){
    DeviceEventEmitter.remove();
}
```

4.6　React Hook

4.6.1　Hook 简介

React Hook 是 React 16.7.0-alpha 版本推出的新特性，目的是解决 React 的状态共享问题。与其称之为状态共享，不如说是逻辑复用可能会更恰当，因为 React Hook 只共享数据处理逻辑，并不会共享数据本身。

在 React 应用开发中，状态管理是组件开发必不可少的内容。以前，为了对状态进行管理，常见做法是使用类组件或者直接使用 redux 等状态管理框架。

```
class Example extends React.Component {

  constructor(props) {
    super(props);
    this.state = {
      count: 0
    };
  }

  render() {
   return (
     <div>
       <p>You clicked {this.state.count} times</p>
       <button onClick={() => this.setState({ count: this.state.count +
1 })}>
         Click me
       </button>
     </div>
    );
  }
}
```

现在，开发者可以直接使用 React Hook 提供的 State Hook 来处理状态；针对那些已经存在的类组件，也可以使用 State Hook 很好地进行重构。

```
import React, { useState } from 'react';

function Hook() {
    const [count, setCount] = useState(0);

    return (
```

```
        <div>
            <p>You clicked {count} times</p>
            <button onClick={() => setCount(count + 1)}>
                Click me
            </button>
        </div>
    );
}
```

从上面的示例可以发现，Example 变成了一个函数组件，此函数组件有自己的状态，并且还可以更新自己的状态。之所以可以如此操作，是因为使用了 useState 函数。useState()是 React 自带的一个 hook 函数，它的作用就是声明状态变量。

4.6.2　Hook API

一直以来，React 都在致力于解决状态组件的复用问题。在 React 应用开发中，通常的做法是，通过组件和自上而下传递的数据流来将大型的视图拆分成独立的可复用组件。但是在实际开发中，复用一个带有业务逻辑的组件依然是一个难题。

众所周知，React 提供了两种组件，即函数组件和类组件。函数组件是一个普通的 JavaScript 函数，接收 props 对象并返回 React 元素，函数组件更符合 React 数据驱动视图的开发思想。不过，函数组件一直以来都因为缺乏类组件，如状态、生命周期等特性。也正是这些原因，函数组件得不到开发者的青睐，而 Hook 的出现就是让函数式组件拥有了类组件的特性。

为了让函数组件拥有类组件的状态、生命周期等特性，React 提供了 3 个核心 API：State Hook、Effect Hook 和 Custom Hook。

useState 就是 React 提供的最基础、最常用的 Hook，主要用来定义和管理本地状态。下面是使用 useState 实现一个最简单的计数器。

```
import React, { useState } from 'react'

function App() {
    const [count, setCount] = useState(0);
    return (
        <div>
            <button onClick={()=> setCount(count + 1)}>+</button>
            <span>{count}</span>
            <button onClick={() => setCount((count) => count - 1)}>-</button>
        </div>
    );
}

export default App;
```

在上面的示例中，使用 useState 定义了一个状态组件。与类组件的状态不同，函数组件的状态可以是对象也可以是基础类型值。useState 返回的是一个数组，数组的第一个对象表示当前状态的值，第二个对象表示用于更改状态的函数，类似于类组件的 setState。

函数组件中如果存在多个状态，既可以通过一个 useState 声明对象类型的状态，也可以通过 useState 多次声明状态。

```
//声明对象类型状态
const [count, setCount] = useState({
    count1: 0,
    count2: 0
});

//多次声明
const [count1, setCount1] = useState(0);
const [count2, setCount2] = useState(0);
```

可以发现，相比于声明对象类型状态，多次声明状态的方式更加方便，主要是因为更新函数采用的是替换方式而不是合并。

不过，如果要在函数组件中处理多层嵌套数据逻辑，使用 useState 就显得力不从心了。好在开发者可以使用 React 提供的 useReducer 来处理此类问题。

```
import React, {useReducer} from 'react'

const reducer = function (state, action) {
    switch (action.type) {
        case "increment":
            return {count: state.count + 1};
        case "decrement":
            return {count: state.count - 1};
        default:
            return {count: state.count}
    }
};

function Example() {
    const [state, dispatch] = useReducer(reducer, {count: 0});
    const {count} = state;
    return (
        <div>
            <button onClick={() => dispatch({type: "increment"})}>+</button>
            <span>{count}</span>
            <button onClick={() => dispatch({type: "decrement"})}>-</button>
        </div>
    );
}
```

```
export default Example;
```

可以发现，useReducer 接收 reducer 函数和默认值两个参数，并返回当前状态 state 和 dispatch 函数的数组，使用方式与 Redux 状态管理框架基本一致。不同之处在于，Redux 的默认值是通过给 reducer 函数设置默认参数的方式给定的。

useReducer 之所以没有采用 Redux 的方式设置默认值，是因为 React 认为状态的默认值可能来自于函数组件的 props。

```
function Example({initialState = 0}) {
    const [state, dispatch] = useReducer(reducer, { count: initialState });
    ...
}
```

解决了函数组件中内部状态管理的问题，接下来亟待解决的就是函数组件中生命周期函数问题。在 React 函数式编程思想中，生命周期函数组件的基本特性之一，是连接函数式和命令式的桥梁。开发者可以根据组件所处生命周期函数的不同来执行不同的操作，如网络请求和操作 DOM。下面是使用 Effect Hook 模拟组件生命周期函数调用的示例。

```
import React, {useState, useEffect} from 'react';

function Example() {
    const [count, setCount] = useState(0);

    useEffect(() => {
        console.log('componentDidMount...')
        console.log('componentDidUpdate...')
        return () => {
            console.log('componentWillUnmount...')
        }
    });

    return (
        <div>
            <p>You clicked {count} times</p>
            <button onClick={() => setCount(count + 1)}>
                Click me
            </button>
        </div>
    );
}

export default Example;
```

执行上面的代码，当点击按钮执行加法操作时，生命周期函数调用情况如图 4-6 所示。

可以看到，每次执行组件更新时，useEffect 中的回调函数都会被调用。并且在点击按钮执行更新操作时，还会触发 componentWillUnmount 生命周期。之所以在重新绘制前执行销毁操作，是为了避免造成内存泄漏。

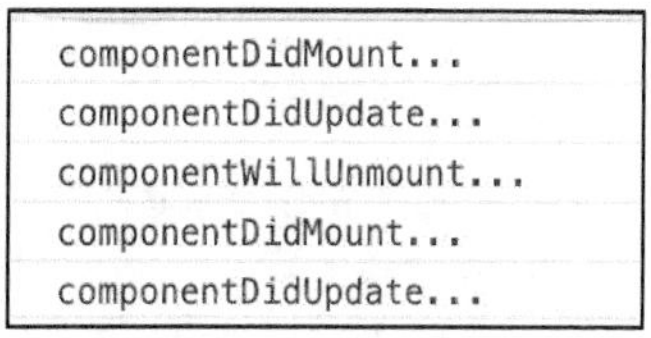

```
componentDidMount...
componentDidUpdate...
componentWillUnmount...
componentDidMount...
componentDidUpdate...
```

因此可以将 useEffect 视为 componentDidMount、componentDidUpdate 和 componentWillUnmount 的组合，并用它关联函数组件的生命周期。

图 4-6　Effect Hooks 示例

需要说明是，类组件的 componentDidMount 或 componentDidUpdate 生命周期函数都是在 DOM 更新后同步执行的，但 useEffect 并不会在 DOM 更新后同步执行。因此，使用 useEffect 并不会阻塞浏览器更新界面。如果需要模拟生命周期的同步执行，可以使用 React 提供的 useLayoutEffect Hook。

4.6.3　自定义 Hook

众所周知，要在类组件之间共享一些状态逻辑是非常麻烦的，常规的做法是通过高阶组件或者是函数属性来解决。不过，新版 React 允许开发者创建自定义 Hook 来封装共享状态逻辑，且不需要向组件树中增加新组件。

所谓自定义 Hook，其实就是指函数名以 use 开头并调用其他 Hook 的封装函数，自定义 Hook 的每个状态都是完全独立的。下面是使用 axios 实现网络请求的自定义 Hook 的示例。

```javascript
import axios from 'axios'

export const useAxios = (url, dependencies) => {

    const [isLoading, setIsLoading] = useState(false);
    const [response, setResponse] = useState(null);
    const [error, setError] = useState(null);

    useEffect(() => {
        setIsLoading(true);
        axios.get(url).then((res) => {
            setIsLoading(false);
            setResponse(res);
        }).catch((err) => {
            setIsLoading(false);
            setError(err);
        });
    }, dependencies);
    return [isLoading, response, error];
};
```

上面的代码就是使用 axios 开发请求数据的自定义 Hook。使用方法和系统提供的 Hook 类似，直接调用即可。

```
function Example() {
    let url = 'http://api.douban.com/v2/movie/in_theaters';
    const [isLoading, response, error] = useAxios(url, []);

    return (
        <div>
            {isLoading ? <div>loading...</div> :
                (error ? <div> There is an error happened </div> : <div>
Success, {response} </div>)}
        </div>
    )
}

export default Example;
```

可以发现，相比于函数属性和高阶组件等方式，自定义 Hook 更加简洁易读，不仅如此，自定义 Hook 也不会引起组件嵌套的问题。

虽然 React Hook 有着诸多的优势，不过在使用 Hook 的过程中，需要注意以下两点。

- 不要在循环、条件或嵌套函数中使用 Hook，并且只能在 React 函数的顶层使用 Hook。这是因为 React 需要利用调用顺序来正确更新相应的状态，以及调用相应的生命周期函数。一旦在循环或条件分支语句中调用 Hook，就容易引起调用顺序的不一致，从而产生难以预料的后果。
- 只能在 React 函数式组件或自定义 Hook 中使用 Hook。

同时，为了避免在开发中引起低级错误，可以在项目中安装一个 eslint 插件，安装命令如下。

```
yarn add eslint-plugin-react-hooks --dev
```

然后，在 eslint 的配置文件中添加如下配置。

```
{
  "plugins": [
    // ...
    "react-hooks"
  ],
  "rules": {
    // ...
    "react-hooks/rules-of-hooks": "error",
    "react-hooks/exhaustive-deps": "warn"
  }
}
```

借助于 React 提供的 Hook API，函数组件可以实现绝大部分类组件功能，并且 Hook 在共享状态逻辑、提高组件复用性上也具有一定的优势。可以预见的是，Hook 将是 React 未来发展的重要方向。

4.7　本章小结

React Native 是 React 前端框架在移动平台的衍生产物。本章是 React 基础章节，主要从基础组件、高阶组件、组件通信和组件事件这几个方面介绍了 React 框架知识，并且重点介绍了 React 提供的 Hook API，为读者深入学习 React Native 跨平台开发奠定基础。

第 5 章
React Native 组件详解

5.1　基础组件

在传统的 Web 开发中，页面开发使用的是基础的 HTML 元素和标签，如\<html>、\<div>、\<head>和\
等。与传统的 Web 页面开发不同，React Native 无法使用传统的 HTML 元素和标签，而只能使用 React 提供的基础组件来开发界面。

5.1.1　Text

在 React Native 中，Text 是一个用于显示文本内容的组件，也是使用频率极高的组件，它支持文本和样式的嵌套以及触摸事件处理。

```
export default class TextInANest extends Component {
  constructor(props) {
    super(props);
    this.state = {
      titleText: "Bird's Nest",
      bodyText: 'This is not really a bird nest.'
    };
  }

  //触摸事件
  onPressTitle(){
    console.log(' onPressTitle…');
  }

  render() {
    return (
      <Text style={styles.baseText}>
```

```
                    <Text style={styles.titleText} onPress={this.onPressTitle
.bind(this)}>
                        {this.state.titleText}
                    </Text>
                    <Text numberOfLines={5}>{this.state.bodyText}</Text>
                </Text>
            );
        }
    }
```

除了支持文本和样式的嵌套，对于 iOS 平台来说，还可以在 Text 组件中嵌入 View 组件，如下所示。

```
export default class BlueIsCool extends Component {
  render() {
    return (
      <Text>
        蓝色的方块
        <View style={{width: 50, height: 50, backgroundColor: 'steelblue'}} />
        在文本中间
      </Text>
    );
  }
}
```

除了上面介绍的一些常用属性外，Text 组件还支持如下属性。

- selectable：用户是否可以长按选择文本实现复制和粘贴操作，默认为 false。
- adjustsFontSizeToFit：字体是否随着样式的限制而自动缩放，仅对 iOS 有效。
- allowFontScaling：控制字体是否要根据系统的字体大小来缩放。
- minimumFontScale：当 adjustsFontSizeToFit 为 true 时，可以使用此属性指定字体的最小缩放比，仅对 iOS 有效。
- onLayout：当挂载或者布局发生变化后执行此函数。
- onLongPress：当文本组件被长按以后触发此函数。
- onPress：当文本组件被点击后调用此函数。
- numberOfLines：用于设置文本最大显示行数，文本过长时会裁剪文本。
- ellipsizeMode：当文本组件无法全部显示所需要显示的字符串时，此属性会指定省略号显示的位置。
- selectionColor：文本被选择时的高亮颜色，仅对 Android 有效。
- suppressHighlighting：文本被按下时是否显示视觉效果，仅对 iOS 有效。

除此之外，Text 组件还支持以下常见样式。

- textShadowOffset：字体阴影效果。
- fontSize：字体大小。

- fontStyle：字体样式，常见的取值有 normal、italic。
- fontWeight：字体粗细，支持 normal、bold 和 100~900 的取值。
- lineHeight：文本行高度。
- textAlign：文本对齐方式，支持 auto、left、right、center 和 justify 取值。
- textDecorationLine：文本横线样式，支持的取值有 none、underline、line-through 和 underline line-through 样式。
- textDecorationColor：文本装饰线条的颜色。
- textDecorationStyle：文本装饰线条的自定义样式。
- writingDirection：文字显示的方向。
- textAlignVertical：垂直方向上文本对齐的方式，支持 auto、top、bottom 和 center 方式。
- letterSpacing：每个字符之间的距离。

需要说明的是，Text 组件默认使用的是特有的文本布局，如果想要文本内容居中显示，还需要在 Text 组件外面再套一层 View 组件。

5.1.2　TextInput

TextInput 是一个输入框组件，用于将文本内容输入到 TextInput 组件上。作为一个高频使用组件，TextInput 组件支持自动拼写修复、自动大小写切换、占位默认字符设置以及多种键盘设置等功能。

下面是使用 TextInput 组件提供的 onChangeText()函数，实现对用户输入的监听示例，代码如下。

```
export default class UselessTextInput extends Component {
  constructor(props) {
    super(props);
    this.state = { text: 'Useless Placeholder' };
  }

  render() {
    return (
      <TextInput
        style={{height: 40, borderColor: 'gray', borderWidth: 1}}
        onChangeText={(text) => this.setState({text})}
        value={this.state.text}
      />
    );
  }
}
```

作为一个使用频率极高的输入框组件，TextInput 组件支持如下一些常用的属性和函数。

- allowFontScaling：控制字体是否需要根据系统的字体大小进行缩放。

- autoCapitalize：控制是否需要将输入的字符切换为大写。

- autoCorrect：是否关闭拼写自动修正。

- autoFocus：是否自动获得焦点。

- blurOnSubmit：是否在文本框内容提交的时候失去焦点，单行输入框默认情况下为 true，多行则为 false。

- caretHidden：是否隐藏光标。

- clearButtonMode：是否要在文本框右侧显示清除按钮，仅在 iOS 的单行输入模式下有效。

- clearTextOnFocus：是否在每次开始输入的时候清除文本框的内容，仅对 iOS 有效。

- dataDetectorTypes：将输入的内容转换为指定的数据类型，可选值有 phoneNumber、link、address、calendarEvent、none 和 all。

- defaultValue：定义 TextInput 组件中的字符串默认值。

- disableFullscreenUI：是否开启全屏文本输入模式，默认为 false。

- editable：控制文本框是否可编辑。

- enablesReturnKeyAutomatically：控制输入文本时软键盘的返回键是否可用。

- inlineImageLeft：指定一个图片放置在输入框的左侧，仅对 Android 有效。图片必须放置在/android/app/src/main/res/drawable 目录下。

- inlineImagePadding：给左侧的图片设置 padding 样式，仅对 Android 有效。

- keyboardAppearance：指定软键盘的颜色，仅对 iOS 有效。

- keyboardType：指定弹出软键盘的类型，支持 number-pad、decimal-pad、numeric、email-address 和 phone-pad 等键盘类型。

- maxLength：限制文本框中的字符个数。

- multiline：控制文本框是否可以输入多行文字。

- numberOfLines：输入框的行数，需要 multiline 属性为 true 时才有效。

- onBlur：文本框失去焦点时的回调函数。

- onChange：文本框内容发生变化时的回调函数，它的回调接收一个 event 参数，可以通过 event.nativeEvent.text 获取用户输入的内容。

- onChangeText：文本框内容发生变化时的回调函数，onChangeText 的回调函数返回的内容和 onChange 类似，不过 onChangeText 可以直接返回用户输入的内容。

- onContentSizeChange：文本框内容长度发生变化时调用此函数。

- onEndEditing：文本输入结束后的回调函数。

- onFocus：文本输入框获得焦点时的回调函数。

- onKeyPress：当指定的键被按下时的回调函数。

- onLayout：当组件加载或者布局发生变化时调用。
- onSelectionChange：长按选择文本内容，选择范围发生变化时调用此函数。
- onSubmitEditing：当软键盘的【确定/提交】按钮被按下时调用此函数。
- placeholder：文本输入框的默认占位字符串。
- placeholderTextColor：文本输入框占位字符串显示的文字颜色。
- returnKeyLabel：是否显示软键盘的确认按钮，仅对 Android 有效。
- returnKeyType：决定确定按钮显示的内容，支持 done、go、next、search 和 send 等取值。
- secureTextEntry：是否显示文本框输入的文字，如果为 true，可以实现类似密码的显示效果。
- selection：设置选中文字的范围。
- selectionColor：设置输入框高亮时的颜色，包括光标的颜色。
- selectTextOnFocus：如果为 true，获得焦点时所有文字都会被选中。
- spellCheck：是否禁用拼写检查的样式，仅对 iOS 有效。

在很多移动应用程序中，为了方便用户快速地查找某个东西，一般都会提供搜索功能。具体来说，当用户输入某个搜索关键字后，系统会根据用户输入的关键字返回相关的搜索结果，并以列表的方式展示给用户，如图 5-1 所示。

图 5-1　使用 TextInput 组件实现联想搜索

要实现上面的效果，只需要使用 TextInput 组件和状态管理机制即可。具体实现方面，使用

TextInput 组件提供的 onChangeText()监听用户输入，然后进行输入匹配，并将匹配的结果以列表的方式展示出来。下面的代码演示了如何使用 TextInput 组件实现搜索匹配功能，代码如下。

```
export default class SearchView extends Component {

    constructor(props) {
        super(props);
        this.state = {show: false, value: ''};
    }

    hide(val) {
        this.setState({
            show: false,
            value: val
        });
    }

    render() {
        return (
          <View style={styles.container}>
            <View style={styles.searchContainer}>
              <TextInput
                style={styles.inputStyle}
                returnKeyType="search"
                placeholder="请输入关键字"
                onChangeText={(value) => this.setState({show: true, value
: value})}
                value={this.state.value}/>
              <View style={styles.btnStyle}>
                  <Text style={styles.search}>搜索</Text>
              </View>
            </View>
            {this.state.show ?
              <View style={[styles.resultStyle]}>
                  <Text onPress={this.hide.bind(this, this.state.value + '街')}
                  style={styles.itemStyle}>{this.state.value}街</Text>
              </View>
                : null
              }
          </View>
        );
    }
}

const styles = StyleSheet.create({
```

```
    container: {
        flex: 1,
        backgroundColor: '#F5FCFF',
        paddingTop: 25
    },
    //省略其他样式代码，具体参考随书源码
});
```

在上面的代码中，如果想要获取 TextInput 组件中用户选择的内容，可以使用 this.state.value。如果要调用 TextInput 组件的某个功能，可以使用组件的 ref 属性来获取组件的实例，然后再调用组件的 API 函数，例如调用 clear()方法清除输入的文本内容。

需要说明的是，使用 iOS 模拟器运行项目时如果软键盘无法弹出，可以依次点击【iOS Simulator】→【Hardware】→【Keyboard】，然后选中【Toggle Software Keyboard】选项来打开软键盘。

5.1.3 Image

Image 是一个图片展示组件，其作用类似于 Android 的 ImageView 或者 iOS 的 UIImageView。Image 组件支持多种类型图片的显示，包括网络图片、静态资源、临时的本地图片以及本地磁盘上的图片等。使用 Image 组件加载图片时只需要设置 source 属性即可，如果加载的是网络图片还需要添加 uri 标识。

```
export default class DisplayAnImage extends Component {
  render() {
    return (
      <View>
        //加载本地图片
        <Image source={require('/react-native/img/favicon.png')} />
        //加载网络图片
        <Image
          source={{uri: 'https://facebook.github.io/react-native/avicon.
png'}} />
      </View>
    );
  }
}
```

需要说明的是，Image 组件默认的图片宽和高都为 0，使用 Image 组件加载图片时需要为图片指定宽和高，否则图片无法显示。

目前，Image 组件支持的图片格式有 PNG、JPG、JPEG、BMP、GIF、WebP 和 PSD。不过，默认情况下 Android 是不支持 GIF 和 WebP 格式图片的，如果需要支持 GIF 和 WebP 图片格式，需要在 android/app/build.gradle 文件中添加以下依赖脚本。

```
dependencies {
    //支持Android4.0(API level 14)之前的版本
    compile 'com.facebook.fresco:animated-base-support:1.10.0'
    //支持GIF动图
    compile 'com.facebook.fresco:animated-gif:1.10.0'
    //需要支持WebP格式，包括WebP动图
    compile 'com.facebook.fresco:animated-webp:1.10.0'
    compile 'com.facebook.fresco:webpsupport:1.10.0'
    //支持WebP格式而不需要动图
    compile 'com.facebook.fresco:webpsupport:1.10.0'
}
```

使用 Image 组件时，有一个重要的属性，即 resizeMode，此属性用于控制当组件和图片尺寸不成比例的时候以何种方式调整图片的大小。resizeMode 的取值有 5 种，分别是 cover、contain、stretch、repeat 和 center。

- cover：在保持图片宽高比的前提下缩放图片，直到宽度和高度都大于等于容器视图的尺寸。
- contain：在保持图片宽高比的前提下缩放图片，直到宽度和高度都小于等于容器视图的尺寸。
- stretch：拉伸图片且不维持图片的宽高比，直到宽度和高度都刚好填满容器。
- repeat：在维持原始尺寸的前提下，重复平铺图片直到填满容器。
- center：居中且不拉伸的显示图片。

为了更直观地了解图片在不同 resizeMode 模式的区别，下面通过一个简单的示例来说明。下面是使用同一张图片不同的 resizeMode 来查看图片的显示效果，如图 5-2 所示。

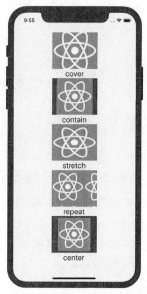

图 5-2　不同 resizeMode 模式下的图片显示效果

使用不同的 resizeMode 属性的取值，Image 组件显示图片的样式也会不同，如下所示。

```
export default class ImageResizeMode extends Component {

    render() {
        let imageSource=require('../src/image/react.jpg');

        return (
            <View style={styles.container}>
                <Image style={{[styles.image,{resizeMode:'cover'}]}}
                       source={imageSource}/>
                <Text style={styles.text}>cover</Text>

                //省略其他 resizeMode 属性示例，具体参考随书源码
            </View>
        );
    }
}

const styles = StyleSheet.create({
    container: {
        flex: 1,
        justifyContent: 'center',
        alignItems: 'center',
        backgroundColor: '#F5FCFF',
    },
    image: {
        width: 140,
        height: 110,
        backgroundColor: 'red'
    },
    text: {
        justifyContent: 'center',
        fontSize:24
    }
});
```

除了支持一些常用的 style 样式外，Image 组件还支持以下常用属性。

- blurRadius：为图片添加一个指定半径的模糊滤镜。

- onLayout：当元素加载或者布局改变的时候调用此函数。

- onLoad：图片加载成功后调用此回调函数。

- onLoadEnd：图片加载结束后调用此回调函数，不论成功还是失败。

- onLoadStart：开始加载图片时调用此函数。

- source：图片源数据，支持本地图片和网络图片。

- onError：加载错误时的回调函数。
- resizeMethod：当图片实际尺寸和容器样式尺寸不一致时，以某种方式来调整图片的尺寸，取值有 auto、resize 和 scale，此属性仅对 Android 有效。
- accessibilityLabel：设置一段文字，当用户与图片交互时，读屏器会朗读设置的文字，仅对 iOS 有效。
- accessible：当此属性为 true 时，表示图片是一个启用了无障碍功能的元素，仅对 iOS 有效。
- defaultSource：默认显示的图片，仅对 iOS 有效。
- onPartialLoad：如果图片支持逐步加载，则在逐步加载的过程中会调用此方法，仅对 iOS 有效。

除了常用属性外，Image 组件支持的方法如下。

- getSize()：在显示图片前获取图片的宽高，如果图片地址不正确或下载失败将获取不到图片的宽和高，且此方法不能用于静态图片资源。
- prefetch()：预加载一个远程图片。
- abortPrefetch()：中断预加载操作，仅对 Android 有效。
- queryCache()：根据图片 URL 地址查询图片缓存状态。
- resolveAssetSource()：加载静态图片资源。

5.1.4 ActivityIndicator

ActivityIndicator 是一个加载指示器组件，俗称"转菊花"，其作用类似于 Android 的 ProgressBar 或者 iOS 的 UIProgressView，效果如图 5-3 所示。

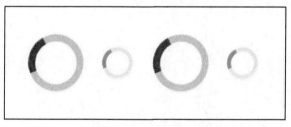

图 5-3 圆形进度条效果图

ActivityIndicator 组件在不同平台的表现也是有所差异的，如图 5-4 所示。之所以显示效果不一样，是因为 ActivityIndicator 组件最终使用的是原生平台的组件渲染的。

图 5-4   ActivityIndicator 在不同平台的加载效果

　　在移动应用开发中，加载指示器通常被用在异步耗时操作过程中以提升用户体验。例如，下面是使用 ActivityIndicator 组件实现闪屏页面加载过渡效果的示例。

```
export default class SplashView extends Component {

    constructor(props) {
        super(props);
        this.state = {
            animating: true
        };
    }

    render() {
      let image=require('../src/image/splash.png');

        return (
            <View style={styles.container}>
                <StatusBar hidden={true}/>
                <Image style={styles.splash} source={image}/>
                <ActivityIndicator
                    animating={this.state.animating}
                    style={styles.centering}
                    size="large" />
            </View>
        )
```

```
        }
    }
```

ActivityIndicator 组件支持的属性和方法比较少，如下所示。

- animating：是否需要显示指示器。默认为 true。
- color：加载指示器的前景颜色。默认为灰色。
- size：指示器的大小。支持 small 和 large 两种值，对于 Android 来说还支持设定具体的数值。
- hidesWhenStopped：在 animating 为 false 的时候，决定是否隐藏指示器。

5.1.5 Switch

Switch 是 React Native 提供的一个状态切换组件，俗称开关组件，主要用来对开和关两个状态进行切换，效果如图 5-5 所示。

图 5-5　Switch 开关组件

Switch 组件的用法比较简单，只需要给组件绑定 value 属性即可。如果需要改变组件的状态，则必须使用 onValueChange() 来更新 value 属性的值，否则 Switch 组件的状态将不会改变，如下所示。

```
export default class SwitchView extends Component {

    constructor(props) {
```

```
            super(props);
            this.state = {
                switchOn: false,
            };
        }

        render() {
            return (
                <View style={styles.container}>
                    <Switch
                        value={this.state.switchOn === true}
                        onValueChange={(e) => this.setState({
                            switchOn: e
                        })}
                    />
                </View>
            );
        }
```

Switch 组件支持的属性和方法如下。

- disabled：是否禁用此组件的交互。
- onValueChange：当值发生改变时调用此回调函数。
- ios_backgroundColor：当 Switch 组件为 false 或禁用切换时的默认背景颜色，仅对 iOS 有效。
- thumbColor：开关按钮上圆形按钮的背景颜色。
- tintColor：开关按钮关闭时的边框颜色。
- value：开关按钮是否被打开，默认为 false。

5.2　容器组件

5.2.1　View 组件

在 React Native 中，View 容器组件支持 Flexbox 布局、样式、触摸事件处理和一些无障碍功能，它可以被放到其他容器组件里，也可以包含任意多个子组件。无论是 iOS 还是 Android，View 组件都会直接对应平台的原生视图，其作用等同于 iOS 的 UIView 或者 Android 的 android.view。

例如，下面示例包含了两个彩色方块和一个文本视图，代码如下。

```
render() {
        return (
```

```
        <View style={{flexDirection: 'row', height: 100,marginTop:40}}>
            <View style={{backgroundColor: 'blue', flex: 0.5}}/>
            <View style={{backgroundColor: 'red', flex: 0.25}}/>
            <Text style={{backgroundColor: 'green' }}>Hello</Text>
        </View>
    );
}
```

作为一个容器组件，View 的设计初衷是和 StyleSheet 搭配使用，这样可以使代码变得更加清晰，也容易获得更好的性能。View 组件支持的属性和方法如下。

- onStartShouldSetResponder：设置视图是否需要响应 touch start 事件。

- accessibilityHint：可访问的提示内容，帮助用户进行正常操作。

- accessible：视图是否启用无障碍功能，默认情况下，所有可触摸操作的元素都是无障碍功能元素。

- accessibilityLabel：设置当用户与此元素交互时读屏器阅读的文字，这是针对视力障碍人士的辅助功能。

- hitSlop：定义触摸事件在距离视图多远以内可以触发。

- onAccessibilityTap：当 accessible 属性为 true 时，如果用户对一个已选中的无障碍元素做了一个双击手势，系统会调用此函数。

- onLayout：当组件挂载或者布局发生变化时调用。

- onMagicTap：当 accessible 属性为 true 时，如果用户做了一个双指轻触手势，系统会调用此函数。

- onMoveShouldSetResponder：当视图发生滑动响应事件时就会调用此函数。

- onMoveShouldSetResponderCapture：如果父视图想要阻止子视图响应滑动触摸事件，就可以设置此方法并返回 true。

- onResponderGrant：视图响应触摸事件时会执行此函数。

- onResponderMove：当用户正在屏幕上移动手指时调用这个函数。

- onResponderReject：一个响应器处于活跃状态时，将不会响应另一个视图的请求。

- onResponderRelease：触摸事件结束时调用此函数。

- onResponderTerminate：请求当前视图成为事件的响应者。

- onResponderTerminationRequest：其他某个视图想要成为事件的响应者，并要求当前视图放弃对事件的响应时就会调用此函数，如果允许释放响应就返回 true。

- pointerEvents：控制当前视图是否可以作为触控事件的目标，取值有 auto、none、box-none 和 box-only。

- collapsable：如果一个 View 只用于布局它的子组件，则它可能从原生布局树移除。将此属性设为 false 可以禁用这个优化，以确保对应视图在原生结构中存在。

5.2.2　ScrollView 组件

　　ScrollView 是一个通用的滚动容器组件，主要用来在有限的显示区域内显示更多的内容。ScrollView 支持垂直和水平两个方向上的滚动操作，并且支持嵌套任意多个不同类型的子组件。作为一个容器组件，ScrollView 必须有一个确定的高度才能正常工作。如果不知道容器的准确高度，可以将 ScrollView 组件的样式设置为{flex: 1}，让其自动填充父容器的空余空间。ScrollView 通常包裹在视图的外面，用来控制视图的滚动。除此之外，我们还可以用它实现一些复杂的滚动效果，例如使用它实现轮播广告效果。

　　由于 ScrollView 组件自带滚动功能，所以自定义轮播组件时只需要专注于轮播视图的绘制即可。同时，ScrollView 的滚动方向默认是纵向的，要实现横向轮播广告效果还需要将其滚动方向设置成水平，并且将 pagingEnabled 水平控制属性设置为 true，代码如下。

```
import data from './data/banner'    //广告数据源

export default class BannerPage extends Component {

    constructor(props) {
        super(props);
        this.state = {
            currentPage: 0            //默认 Page
        };
    }


    //绘制广告图片
    renderItem() {
        return data.data.map((item, i) => {
            return <Image source={{uri: item.image}} style={styles.image
Style}/>;
        });
    }


    //绘制指示器
    renderIndicator() {
        return data.data.map((item, i) => {
            let style = {};
            if (i === this.state.currentPage) {
                style = {color: 'orange'};
            }
            return <Text key={`text${i}`} style={[styles.circleStyle,
style]}>•</Text>
```

```
        });
    }

    //处理滚动
    handleScroll= (e) => {
        let x = e.nativeEvent.contentOffset.x;
        let currentPage = Math.floor( x / screenWidth);
        this.setState({currentPage: currentPage});
    };

    render() {
        return (
            <View style={styles.container}>
                <View style={styles.scrollStyle}>
                    <ScrollView
                        ref="scrollView"
                        horizontal={true}
                        pagingEnabled={true}
                        showsHorizontalScrollIndicator={false}
                        onMomentumScrollEnd={this.handleScroll}>
                        {this.renderItem()}
                    </ScrollView>
                    <View style={styles.indicatorStyle}>
                        {this.renderIndicator()}
                    </View>
                </View>
            </View>);
    }
}

const styles = {
    container: {
        backgroundColor: '#F5FCFF',
        flex: 1,
    },
    //省略其他样式，参考随书源码
};
```

在上面的代码中，horizontal 属性用于控制视图的滚动方向，pagingEnabled 属性用于控制水平分页，showsHorizontalScrollIndicator 属性用来控制水平滚动条的显示，onMomentumScrollEnd则是滚动结束需要调用的函数。其中，示例代码用到的广告的数据源格式如下。

```
{
  "data": [
    {
      "image": "http://doc.zwwill.com/yanxuan/imgs/banner-1.jpg",
```

```
            "title": "网易严选1"
        },
        … //省略其他
    ]
}
```

运行上面的示例代码，最终效果如图 5-6 所示。

图 5-6　使用 ScrollView 实现广告轮播效果

需要说明的是，上面的轮播广告组件使用的是本地内置的数据。实际开发时，数据源通常是经过网络请求由服务器返回的，因此数据格式会有微妙的变化。

除了示例使用的属性和方法外，ScrollView 组件还支持以下常用属性。

- keyboardDismissMode：控制用户拖拽滚动视图时是否需要隐藏软键盘，取值有 none、on-drag 和 interactive。interactive 仅对 iOS 有效。
- keyboardShouldPersistTaps：控制当界面有软键盘时点击 Scrollview 后是否需要收起软键盘，取值有 never、always 和 handled。
- onContentSizeChange：在 ScrollView 内部可滚动内容发生变化时调用。
- onMomentumScrollBegin：滚动动画开始时调用此函数。
- onMomentumScrollEnd：滚动动画结束时调用此函数。
- onScroll：滚动过程中调用此函数，每帧最多调用一次。
- onScrollBeginDrag：开始拖动视图时调用此函数。

- onScrollEndDrag：停止拖动视图时调用此函数。
- pagingEnabled：当值为 true 时，滚动条会停在滚动视图指定的位置上，可以用于水平分页，如轮播广告。
- refreshControl：用于垂直视图时提供下拉刷新功能。
- scrollEnabled：控制内容是否可滚动。
- showsHorizontalScrollIndicator：是否显示水平方向上的滚动条。
- showsVerticalScrollIndicator：是否显示垂直方向上的滚动条。
- stickyHeaderIndices：决定某个成员会在滚动之后固定在屏幕顶端。
- overScrollMode：覆盖默认的 overScroll 模式，支持的取值有 auto、always 和 never。
- horizontal：设置 ScrollView 组件横向显示。
- decelerationRate：设置视图滚动的速度。
- directionalLockEnabled：锁定视图滚动的方向。
- indicatorStyle：设置滚动条的样式，支持的取值有 default、black 和 white。
- scrollsToTop：点击状态栏的时候视图会滚动到顶部。
- snapToAlignment：定义停驻点与滚动视图之间的关系，支持的取值有 start、center 和 end。

在 React Native 官方提供的组件中，FlatList 组件也能够实现滚动效果。不同的是，FlatList 只是惰性的渲染子元素，即子元素只在将要出现在屏幕中时才开始渲染，而 ScrollView 会把所有子元素一次性全部渲染出来，开发时可以根据需要合理地进行选取。

5.2.3　WebView 组件

WebView 是一个浏览器组件，主要用于加载和显示网页元素，其作用等同于 iOS 的 UIWebView、WKWebView 组件，或者 Android 的 WebView 组件。

WebView 组件的使用方法非常简单，只需要提供 source 属性即可。下面是使用 WebView 组件打开百度首页的示例，代码如下。

```
render() {
    return (
        <WebView
            source={{uri: 'https://www.baidu.com/'}}
            style={{marginTop: 40}}
        />
    );
}
```

运行上面的代码，效果如图 5-7 所示。

图 5-7　使用 WebView 加载百度首页

除了使用网络地址加载网页外，WebView 组件还支持直接加载本地的 HTML 代码，如下所示。

```
<WebView  originWhitelist={['*']}  source={{ html: '<h1>Hello world</h1>' }} />
```

WebView 组件支持如下属性。

- source：载入一段静态的 HTML 代码或者一个 URL。如果载入 HTML 代码，需要设置 originWhitelist 属性。
- automaticallyAdjustContentInsets：控制调整放置在导航条、标签栏或工具栏后面的 Web 视图内容。
- injectJavaScript：在网页加载完成之后，调用此方法可以拦截注入的 JavaScript 代码。
- injectedJavaScript：在网页加载之前注入的一段 JavaScript 代码。
- mediaPlaybackRequiresUserAction：控制 HTML5 音频和视频播放前是否需要用户点击。
- nativeConfig：使用定制的原生 WebView 来渲染视图。
- onError：当 WebView 加载失败时调用此函数。
- onLoad：当 WebView 加载成功后执行此函数。
- onLoadEnd：加载结束时调用此函数，不管是成功还是失败。
- onLoadStart：当 WebView 开始加载时调用此函数。

- onMessage：在 Webview 内部的网页中调用 window.postMessage()方法时可以触发此属性对应的函数，从而实现网页和 React Native 之间的数据交换。

- onNavigationStateChange：当导航状态发生变化时调用此函数。

- renderError：返回错误的视图。

- renderLoading：返回一个加载指示器视图，且必须将 startInLoadingState 属性设置为 true。

- scalesPageToFit：控制网页内容是否自动适配视图的大小。

- onShouldStartLoadWithRequest：为 Webview 发起的请求运行一个自定义的处理函数。

- startInLoadingState：控制 WebView 第一次加载时是否显示加载视图。

- domStorageEnabled：控制是否开启 DOM 本地存储，仅对 Android 有效。

- javaScriptEnabled：控制是否启用 JavaScript，仅对 Android 有效。

- mixedContentMode：是否允许在安全链接页面中加载非安全链接的内容，支持 never、always 和 compatibility 取值。

- thirdPartyCookiesEnabled：是否启用第三方 cookie，仅针对 Android 5.0 以上版本。

- userAgent：为 WebView 设置 user agent 字符串，仅对 Android 有效。

- allowsInlineMediaPlayback：控制 HTML5 视频是在内部播放还是使用原生的播放器播放。

- bounces：控制当 WebView 内容到达底部时是否进行回弹。

- useWebKit：使用新的 WKWebView 组件来代替老的 UIWebView 组件，仅对 iOS 有效。

除了上面的属性外，WebView 组件还支持如下方法。

- goForward()：根据 WebView 的历史访问记录往前一个页面。

- goBack()：根据 WebView 的历史访问记录往后一个页面。

- reload()：刷新当前页面。

- stopLoading()：停止载入当前页面。

5.2.4 TouchableOpacity 组件

在 React Native 应用开发中，点击和触摸都是比较常见的交互行为，不过并不是所有的组件都支持点击事件。为了给这些不具备点击响应的组件绑定点击事件，React Native 提供了 Touchable 系列组件。事实上，Touchable 系列组件并不单指某一个组件，而是由 TouchableWithoutFeedback、TouchableOpacity、TouchableHighlight 和 TouchableNativeFeedback 组件组成。

其中，TouchableWithoutFeedback 不带反馈效果，其他 3 个组件都是带有触摸反馈效果的，可以理解为其他 3 个组件是 TouchableWithoutFeedback 组件的扩展，它们的具体含义和作用如下。

- TouchableWithoutFeedback：无反馈性触摸，用户点击时页面无任何视觉效果。

- TouchableHighlight：高亮触摸，在用户点击组件时产生高亮效果。
- TouchableOpacity：透明触摸，在用户点击组件时产生透明效果。
- TouchableNativeFeedback：仅适用于 Android 平台的触摸响应组件，会在用户点击后产生水波纹的视觉效果。

在 React Native 应用开发中，使用得最多的就是 TouchableOpacity 组件。作为一个触摸响应容器组件，TouchableOpacity 组件支持嵌套一个或多个子组件，同时会在用户手指按下视图时降低视图的透明度产生一种透明效果，如图 5-8 所示。

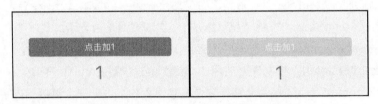

图 5-8　TouchableOpacity 组件应用示例

TouchableOpacity 组件的使用方法比较简单，只需要将它包裹在其他组件的外面即可实现点击功能。下面是使用 TouchableOpacity 组件实现数字累加效果的示例，代码如下。

```
export default class App extends Component {

    constructor(props) {
        super(props)
        this.state = {count: 0}
    }

    onPress() {
        this.setState({
            count: this.state.count + 1
        })
    }

    render() {
    return (
        <View style={styles.container}>
            <TouchableOpacity onPress={this.onPress.bind(this)}>//绑定点击事件
                <Text style={styles.txtStyle}>
                    点击加 1
                </Text>
            </TouchableOpacity>
            <Text style={{[styles.countText]}}>
                {this.state.count !== 0 ? this.state.count : null}
            </Text>
```

```
            </View>
        )
    }
}
```

TouchableOpacity 组件提供了很多有用的属性和方法，常见的有如下一些。

- activeOpacity：设置用户点击组件时透明度值，取值范围为 0 到 1，默认为 0.2。
- tvParallaxProperties：此属性仅对 Apple TV 有效，主要用于控制 Apple TV 的视差效果。
- hasTVPreferredFocus：此属性仅对 Apple TV 有效，判断是否获取焦点。
- setOpacityTo()：设置组件的不透明度值，伴随有过渡动画。

5.3 列表组件

5.3.1 VirtualizedList 组件

在移动应用开发中，列表是一种常见的页面布局方式。在 React Native 早期的版本中，如果要实现列表布局，只能使用 ListView 组件，不过在数据量特别大的情况下，组件的性能特别差，容易出现卡顿和渲染延迟的问题。为了改善这一缺陷，React Native 在 0.43.0 版本引入了 VirtualizedList 系列组件，此类组件自带视图复用和回收特性，因此性能有了质的提升。

事实上，VirtualizedList 组件通过维护一个有限的渲染窗口，将渲染窗口之外的元素全部用合适的定长空白空间代替，极大地降低了内存消耗以及提升了在大量数据下的使用性能。当一个元素距离可视区太远时，它的渲染优先级就会变低。通过此种方式，渲染窗口尽量减少出现空白区域的可能性，从而提高视图渲染的性能。

VirtualizedList 组件会默认初始化一个数量为 10 的列表，然后采用循环绘制的方式来绘制列表数据。当列表元素距离可视区太远时，元素将会被回收，否则将被绘制，涉及的源码如下。

```
componentDidUpdate(prevProps: Props) {
    …  //省略其他代码
    this._scheduleCellsToRenderUpdate();
}
```

如果继续查看源码，会发现_scheduleCellsToRenderUpdate()方法最终会调用_updateCellsToRender()方法执行列表元素的绘制，涉及的源码如下。

```
_updateCellsToRender = () => {
    const {data, getItemCount, onEndReachedThreshold} = this.props;
    const isVirtualizationDisabled = this._isVirtualizationDisabled();
    this._updateViewableItems(data);
    if (!data) {
```

```
            return;
        }
    this.setState(state => {
        let newState;
        if (!isVirtualizationDisabled) {
            if (this._scrollMetrics.visibleLength) {
                if (!this.props.initialScrollIndex || this._
scrollMetrics.offset) {
                    newState = computeWindowedRenderLimits(
                        this.props,
                        state,
                        this._getFrameMetricsApprox,
                        this._scrollMetrics,
                    );
                }
            }
        } else {
            const {contentLength, offset, visibleLength} = this.
_scrollMetrics;
            const distanceFromEnd = contentLength - visibleLength -
offset;
            const renderAhead =
                distanceFromEnd < onEndReachedThreshold * visibleLength
                    ? this.props.maxToRenderPerBatch
                    : 0;
            newState = {
                first: 0,
                last: Math.min(state.last + renderAhead, getItemCount
(data) - 1),
            };
        }
        return newState;
    });
};
```

在上面的源码中，_updateCellsToRender()方法最终调用 setState()方法更新组件状态，所以在每次绘制完成后都会调用更新方法，最终形成循环绘制的效果。理论上来说，此种机制会造成无限循环的问题，但是由于 VirtualizedList 继承的是 PureComponent，所以当检测到状态未改变的时候就会终止更新，因而性能问题得到了很好的解决。

一般来说，除非有特殊的性能要求，否则不建议直接使用 VirtualizedList 组件，因为 VirtualizedList 是一个抽象组件，使用起来比较麻烦。在实际项目开发过程中，使用 FlatList 和 SectionList 组件即可满足开发需求，因为它们都是基于 VirtualizedList 组件扩展的，因而不存在任何性能上的问题。

由于 VirtualizedList 是根据优先级来渲染视图的,所以在使用 VirtualizedList 时应注意以下几点。

- 当列表的某行滑出渲染区域后,其内部状态将不会保留。
- 当组件继承自 PureComponent 而非 Component 时,组件不会重新执行渲染操作。
- 为了优化内存同时保持滑动的流畅,列表内容会在屏幕外异步绘制。
- 默认情况下每行都需要提供一个不重复的 key 属性。

5.3.2 FlatList 组件

在 FlatList 组件出现之前,React Native 使用 ListView 组件来实现列表功能,不过在列表数据比较多的情况下,ListView 组件的性能并不是很好,所以在 0.43.0 版本,React Native 引入了 FlatList 组件。相比 ListView 组件,FlatList 组件适用于加载长列表数据,而且性能也更佳。

相比 ListView 组件,FlatList 组件主要支持以下功能和特性。

- 完全跨平台。
- 支持水平布局模式。
- 支持行组件显示或隐藏时可配置事件回调。
- 支持单独的头部组件。
- 支持单独的尾部组件。
- 支持自定义行间分隔线。
- 支持下拉刷新。
- 支持上拉加载更多。
- 支持跳转到指定行,类似于 ScrollToIndex 功能。
- 如果需要支持分组/类/区的功能,请使用 SectionList 组件。

和 ListView 组件类似,FlatList 组件的使用也非常简单,只需要给 FlatList 组件提供 data 和 renderItem 两个属性即可,如下所示。

```
<FlatList
  data={[{key: 'a'}, {key: 'b'}]}
  renderItem={({item}) => <Text>{item.key}</Text>}/>
```

其中,data 表示数据源,一般为数组格式,renderItem 表示每行的绘制方法。除了 data 和 renderItem 两个必需的属性外,FlatList 组件还支持以下常见属性。

- ItemSeparatorComponent:行与行之间的分隔线,不会出现在第一行之前和最后一行之后。
- ListEmptyComponent:列表为空时需要渲染的组件,可以是一个组件,也可以是一个 render 函数,或者已经渲染好的元素。
- ListFooterComponent:列表的尾部组件,通常用于上拉加载操作。
- ListHeaderComponent:列表的头部组件,通常用于下拉刷新操作。

- columnWrapperStyle：多列布局（numColumns 值需大于 1），如果设置此属性，则可以在每行容器上设置单独的样式。
- data：data 属性表示 FlatList 的数据源，目前只支持普通数组。如果需要使用其他特殊数据结构（如 immutable 数组），则可以使用 VirtualizedList 组件。
- extraData：如果列表需要有除 data 以外的数据源，请在此属性中指定。同时，此数据在修改时也需要先修改其引用地址，再修改其值，否则界面很可能不会刷新。
- getItem：获取每个 Item 对象。
- getItemCount：获取 Item 的数量。
- getItemLayout：可选优化，用于避免动态测量内容尺寸带来的开销，不过前提是可以提前知道被包裹内容的高度。
- horizontal：设置为 true 则变为水平布局模式，默认为垂直布局。
- initialNumToRender：指定开始渲染的元素数量，最好刚刚够填满一个屏幕，这样可以保证用最短的时间将视图可见的内容呈现给用户。同时，首次渲染的元素不会在滑动过程中被卸载，从而保证用户在执行返回顶部的操作时，不需要重新渲染首批元素，提高渲染的效率。
- initialScrollIndex：指定渲染开始的 index。
- keyExtractor：此函数用于为给定的 item 生成一个不重复的 key。key 的作用是使 React 能够区分同类元素的不同个体，以便在刷新时能够确定其变化的位置，减少重新渲染的开销。
- legacyImplementation：设置为 true，则使用旧的 ListView 方式实现。
- numColumns：多列布局样式，只能在非水平模式下使用。组件内元素必须是等高的，并且暂时还无法支持瀑布流布局。
- onEndReached：当列表滚动到距离内容最底部、不足设定的距离时触发。
- onEndReachedThreshold：用于决定当内容距离容器的最底部还有设定的距离时触发此函数。
- onRefresh：设置此属性后，FlatList 组件会在列表头部添加一个标准的 RefreshControl 控件，以便实现下拉刷新功能。
- renderItem：根据行数据 data 渲染每一行的视图。
- onViewableItemsChanged：在可见行元素变化时调用，可见范围和变化频率等参数的配置需要设置 viewabilityconfig 属性。

除了上面的介绍的属性外，FlatList 组件还支持以下常见方法。

- scrollToEnd：滚动到底部，如果不设置 getItemLayout 属性，页面可能会比较卡顿。
- scrollToIndex：滚动到指定的列表位置，如果不设置 getItemLayout 属性，则无法跳转到当前可视区域以外的位置。

- scrollToItem：滚动到指定 item 的位置，如果不设置 getItemLayout 属性，页面可能会比较卡顿。
- scrollToOffset：滚动指定距离的位置。

作为一个列表组件，FlatList 组件的使用频率是非常高的。图 5-9 所示是通过豆瓣开放 API 获取正在热映电影的列表。

图 5-9　FlatList 组件电影列表示例

得益于 FlatList 组件对 VirtualizedList 组件的强大封装能力，使用 FlatList 组件实现列表效果时只需要提供 data 和 renderItem 属性即可，其他属性可以根据实际情况进行合理的配置。例如，下面是豆瓣热映电影列表的完整示例，代码如下。

```
export default class FlatListPage extends Component {

    constructor(props) {
        super(props);
        this.state = {
            movieList: [],
        };
    }


    componentDidMount() {
```

```
        this.getMovies();
    }

    renderList() {
        return (<FlatList
            data={this.state.movieList}
            renderItem={this.renderItem}
            keyExtractor={(item) => item.id}/>)
    }

    render() {
        return (
            <SafeAreaView>
                {this.renderList()}
            </SafeAreaView>
        )
    }

    //绘制列表的 Item 视图
    renderItem(item) {
        return (
            <MovieItemCell movie={item.item}/>
        )
    };

    getMovies() {
        fetch(queryMovies()).then((response) => response.json()).
then((json) => {
            console.log(json);
            //处理返回结果
        }
    )
}
```

其中，data 表示数据源，一般为数组格式，renderItem 表示每行的列表项。为了方便对列表单元视图进行复用，通常的做法是将列表单元视图独立出来，作为一个单独的子组件。

```
render() {
export default class MovieItemCell extends Component {

  render() {
    let {movie} = this.props;          //接收数据
    return (
      … //省略单元格视图代码
    )
  }
}
```

除此之外，FlatList 组件还可以实现网格列表效果，使用 FlatList 组件实现网格列表需要提供 FlatList 组件的 numColumns 属性。除了 data 和 renderItem 属性之外，FlatList 组件还有如下一些使用频率比较高的属性和方法。

Item 的 key

使用 FlatList 组件实现列表效果时，系统要求给每一行子组件设置一个 key，key 是列表项的唯一标识，目的是当某个子视图的数据发生改变时可以快速地重绘改变的子组件。当然，FlatList 组件提供的 keyExtractor 属性也能达到此效果，如下所示。

```
render() {
    return (
      <View>
       <FlatList
        ...
          keyExtractor={item => item.id} />
      </View>
    );
```

分割线 seperator

FlatList 组件本身的分割线并不是很明显，如果要实现分割线，主要有两种策略：设置 boderBottom 或 ItemSeperatorComponent 属性。如果只是简单的一条分割线，在 Item 组件的中添加 boderBottom 相关的属性即可。

```
<View style={ {borderTopWidth: 0, borderBottomWidth: 1}}>
  //other content...
</View>
```

需要注意的是，使用 boderBottom 实现分割线时，列表顶部和底部的分割组件是不需要绘制的。当然，更简单的方式是使用 FlatList 的 ItemSeperatorComponent 属性，如下所示。

```
render() {
  return (
    <FlatList
      ...
      ItemSeparatorComponent={this.renderSeparator}
    />
  );
}

// renderSeparator 样式
renderSeparator = () => {
    return (
      <View style={{height: 1,width: "100%",backgroundColor: "#CED0CE"}}/>
    );
  };
```

下拉刷新和上拉加载更多

和 ListView 组件一样，FlatList 组件也可以实现下拉刷新和上拉加载更多的功能，使用时添加对应的属性即可，如下所示。

```
render() {
    return (
        <View style={styles.container}>
            <FlatList
                ...
                refreshing={this.state.refreshing}
                onRefresh={this.handleRefresh}
                onEndReached={this.handleLoadMore}
                onEndReachedThreshold={0} />
        </View>
    );
}
```

其中，在使用 FlatList 组件实现下拉刷新和上拉加载更多功能时，包含以下几个状态。

- refreshing：列表是否处于正在刷新的状态。
- onRefresh：开始刷新事件，可以在此状态发起接口请求。
- onEndReached：上拉加载更多事件。可以在此方法中设置加载更多对应的组件状态，并在 setState() 方法的回调里请求后端数据。
- onEndReachedThreshold：表示距离底部多远时触发 onEndReached。与 ListView 不同的是，FlatList 中的 onEndReachedThreshold 的值是一个比值而非像素。

下面的示例演示了如何使用 FlatList 组件执行下拉刷新操作。即当 FlatList 组件触发 onRefresh 时，就调用后台接口执行网络请求，代码如下。

```
handleRefresh = () => {
    this.setState({
        page: 1,
        refreshing: true,
        loading: false,
        data: [],
    }, () => {
        this.requestData();
    });
}

requestData = () => {
    const url = 'https://api.github.com/users/xiangzhihong/repos';
    fetch(url).then(res => {
        console.log('started fetch');
        return res.json()
```

```
    }).then(res => {
      this.setState({
        data: [...this.state.data, ...res],
        error: res.error || null,
        laoding: false,
        refreshing: false,
      });
    }).catch(err => {
      console.log('==> fetch error', err);
      this.setState({ error: err, loading: false, refreshing: false});
    });
  }
```

通常在执行下拉刷新操作过程中，字段的初始值都需要重新初始化，并且缓存的数据也需要清空。

Header 和 Footer

在 React Native 应用开发中，下拉刷新是一个比较常见的功能，如果只需要执行下拉刷新操作可以直接使用 RefreshControl 组件。

除了 RefreshControl 组件外，还可以使用 FlatList 组件来实现下拉刷新操作，并且 FlatList 组件还支持上拉加载更多操作。之所以可以这么做，是因为 FlatList 组件自带了手势滑动监测功能。使用 FlatList 组件实现下拉刷新和上拉加载更多功能，需要使用 FlatList 组件的 onHeaderRefresh 和 onFooterRefresh 属性，示例如下。

```
render() {
  return (
    <FlatList
      ...
      ListHeaderComponent={this.renderHeader}
      ListFooterComponent={this.renderFooter}
    />
  );
}

//渲染 Header
renderHeader = () => {
  return <ActivityIndicator animating size="large" />;
};

//渲染 Footer
renderFooter = () => {
  if (!this.state.loading) return null;

  return (
```

```
        <View>
          <Text > 正在玩命加载中...</Text>
          <ActivityIndicator animating size="large" />
        </View>
      );
   };
```

其中，ListHeaderComponent 是列表的头部视图，ListFooterComponent 则是列表的尾部视图。平时开发中，为了方便项目的工程化和结构化，让开发者专注于业务开发，可以将上拉刷新和下拉加载功能进行二次封装。

5.3.3 SectionList 组件

和 FlatList 组件一样，SectionList 组件也是由 VirtualizedList 组件扩展来的，不过相比于 VirtualizedList 组件，FlatList 和 SectionList 组件的应用更加广泛，尽管 VirtualizedList 组件更加灵活方便。

SectionList 也是一个列表组件，不同于 FlatList 组件，SectionList 组件主要用于开发列表分组、吸顶悬浮等功能。SectionList 组件的使用方法也非常简单，只需要提供 renderItem、renderSectionHeader 和 sections 等必要的属性即可。

```
<SectionList
  renderItem={({item}) => <ListItem title={item.title} />}
  renderSectionHeader={({section}) => <Header title={section.key} />}
  sections={[              //不同 section 渲染相同类型的子组件
    {data: [...], title: ...},
    {data: [...], title: ...},
    {data: [...], title: ...},
  ]}
/>
```

在 SectionList 列表组件中，常见的属性和方法如下。

- ItemSeparatorComponent：行与行之间的分隔线组件，不会出现在第一行之前和最后一行之后。
- ListEmptyComponent：当列表为空时渲染，可以是一个 React 组件类，也可以是一个渲染函数或是一个已经渲染的某个元素。
- SectionSeparatorComponent：在每个 section 的顶部和底部渲染，有别于 ItemSeparatorComponent，它仅在列表项之间渲染。
- renderItem：用来渲染每一个 section 中的每一个列表项视图。
- renderSectionHeader：用来渲染每个 section 的头部视图。在 iOS 设备上，headers 元素默认会粘连在 ScrollView 视图的顶部。

- sections：用来渲染视图的数据源，类似于 FlatList 中的 data 属性。
- stickySectionHeadersEnabled：当 section 把它的前一个 section 的可视区推离屏幕时，让这个 section 的 header 粘连在屏幕顶端。

除了上面所列举的一些属性外，SectionList 其他的属性和 FlatList 组件的属性大体类似，而其核心的函数主要有以下几个。

- scrollToLocation()：将可视区内位于特定 sectionIndex 或 itemIndex 位置的列表项，滚动到可视区的指定位置。
- recordInteraction()：通知列表发生了某个事件，以便使列表重新计算可视区域。比如，当用户点击某个列表项或触发一个导航动作时，就可以调用这个方法。
- flashScrollIndicators()：只在滚动的时候短暂地显示滚动指示器。

得益于 SectionList 组件提供的诸多强大的属性和方法，使用时只需要传入 renderSection Header、renderItem 和 sections 等必要的属性即可。下面的示例演示了使用 SectionList 组件实现的电影列表分组的功能，效果如图 5-10 所示，并且 SectionList 组件在 iOS 设备上会默认支持吸顶悬浮的样式。

图 5-10　使用 SectionList 组件实现列表分组

要实现列表的分组效果，就需要对获取的数据按照某种规则进行分组排列。并形成一个数组格式，下面是使用豆瓣开放 API 获取的正在热映和即将上映的电影列表数据。

```
//获取正在热映电影列表
https://api.douban.com/v2/movie/in_theaters?city=%E5%8C%97%E4%BA%AC&start
=0&count=20&apikey=0df993c66c0c636e29ecbb5344252a4a
```

```
//获取即将上映电影列表
https://api.douban.com/v2/movie/coming_soon?city=%E5%8C%97%E4%BA%AC&start
=0&count=20&apikey=0df993c66c0c636e29ecbb5344252a4a
```

当列表数据获取成功之后，就需要对列表数据进行分组处理。分组的结果通常是一个数组
格式，分组完成后就可以将数据赋值给 SectionList 组件的 sections 属性。

```
render() {
return (
    <SectionList
      keyExtractor={this.keyExtractor}
      renderSectionHeader={this.renderSectionHeader}
      renderItem={this.renderItem}
      sections={this.state.sectionData}
    />
  )
}
```

同时，实现列表分组时还需要使用 renderItem 和 renderSectionHeader 属性，如下所示。

```
//绘制 SectionList 头部视图
renderSectionHeader = (item) => {
    let sectionObj = item.section;
    let sectionIndex = sectionObj.index;
    let title = (sectionIndex === 0) ? "正在上映" : "即将上映";
    return (
      <View style={styles.sectionHeader}>
        <Text style={styles.sectionTitle}>{title}</Text>
      </View>
    )
  };

//绘制 Item 视图，MovieItemCell 为 ItemCell
 renderItem = (item) => {
    return (
      <MovieItemCell  movie={item.item} onPress={() => {
        alert('点击电影:' + item.item.title)
      }}/>
      )
    };
```

可以发现，使用 SectionList 组件实现列表分组功能是非常简单的，只需要提供 renderItem、
renderSectionHeader 和 sections 等必要的属性即可。

5.4 平台组件

使用 React Native 进行跨平台应用开发时，由于 React Native 最终使用的是原生平台组件来

完成渲染的，所以并不是所有的组件都是通用的。针对这一情况，React Native 提供了只能在某个特定平台才能使用的平台组件，并分别以 Android 和 iOS 后缀进行标识，如 ProgressBarAndroid、ViewPagerAndroid、ProgressViewIOS 和 DatePickerIOS 等。

5.4.1 ViewPagerAndroid 组件

ViewPagerAndroid 是一个只能运行在 Android 平台的页面切换容器组件，其作用类似于平台 Android 原生的 ViewPager 控件，主要作用是嵌套多个视图实现左右滑动切换效果。使用 ViewPagerAndroid 组件实现左右滑动切换时，每个子组件都被视为一个单独的页面，且每个子视图都必须是纯 View 视图，而不能是自定义的复合组件。

ViewPagerAndroid 组件的使用方法非常简单，只要将需要渲染的子视图添加到 ViewPager Android 中即可。下面是使用 ViewPagerAndroid 组件实现轮播广告的示例，代码如下。

```
export default class ViewPagerAndroidPage extends Component {

    state = {
        page: 0,                //初始页码
    };

    onPageSelected = (e) => {
        this.setState({page: e.nativeEvent.position});
    };

    render() {
        //图片数组
        let images = [
            'http://doc.zwwill.com/yanxuan/imgs/banner-1.jpg',
            'http://doc.zwwill.com/yanxuan/imgs/banner-2.jpg',
            'http://doc.zwwill.com/yanxuan/imgs/banner-3.jpg'
        ];
        let pageViews = [];
        for (let i = 0; i < images.length; i++) {
            pageViews.push(
                <Image
                    style={styles.imageStyle}
                    source={{uri: images[i]}}>
                </Image>
            );
        }

        return (
            <View style={styles.container}>
```

```
                  <ViewPagerAndroid style={styles.viewPagerStyle}
                        onPageSelected={this.onPageSelected}>
                     {pageViews}
                  </ViewPagerAndroid>
            </View>
         );
      }
   }
```

在上面的代码中，通过将 Image 视图添加到 ViewPagerAndroid 容器组件中，然后监听 onPageSelected()函数即可实现图片翻页效果。运行上面的代码，效果如图 5-11 所示。

图 5-11　ViewPagerAndroid 实现图片翻页

除了上面示例用到的属性和方法外，ViewPagerAndroid 组件还支持以下常用属性和方法。

- initialPage：选中子页面的下标号。
- keyboardDismissMode：指定滑动的时候是否让软键盘消失。
- onPageScroll：在页面切换时执行，回调参数的 event.nativeEvent 中会返回 position 和 offset 的信息。
- onPageScrollStateChanged：页面滑动状态发生变化时调用此函数。
- onPageSelected：页面切换完成后调用此函数，返回 event.nativeEvent 对象会包含 position 信息。
- pageMargin：滑动翻页时两个页面之间的水平间距。

- peekEnabled：是否在当前页滑动时展示前一页或者后一页。
- scrollEnabled：设置是否禁止滚动。

不过，由于 ViewPagerAndroid 仅对 Android 平台有效，所以在应用开发中使用的频率并不高。

5.4.2　SafeAreaView 组件

所谓刘海屏，指的是手机屏幕正上方由于追求极致边框而采用的一种手机屏幕解决方案，因形似刘海儿而得名。刘海屏最早出现在 2017 年 9 月苹果公司发布的 iPhone X 上，iPhone X 留给消费者最深刻的印象也莫过于刘海屏设计。

为了适配 iPhone X 及后面机型的刘海屏，React Native 官方在 0.50.1 版本引入了 SafeAreaView 组件，使用 SafeAreaView 组件嵌套的页面如图 5-12 所示。

图 5-12　iPhone X 刘海屏适配

目前，SafeAreaView 组件只支持 iPhone X 及以上机型使用，因此如果需要适配 Android 设备的刘海屏，则需要借助第三方库或者修改原生 API 来实现。

SafeAreaView 组件的使用方法非常简单，只需要将 SafeAreaView 组件嵌套在视图的最根级别中即可完成刘海屏适配，如下所示。

```
<SafeAreaView style={{flex: 1, backgroundColor: '#fff'}}>
  <View style={{flex: 1}}>
    <Text>Hello World!</Text>
```

```
        </View>
    </SafeAreaView>
```

在 React Native 应用开发中，为了完成 iPhone X 及以上机型刘海屏的适配，还需要对刘海屏和非刘海屏设备进行区分，因为只有满足刘海屏的机型才需要刘海屏适配，判断的代码如下。

```
export let screenW = Dimensions.get('window').width;
export let screenH = Dimensions.get('window').height;

//iPhoneX 默认宽高
const X_WIDTH = 375;
const X_HEIGHT = 812;

/**
 * 判断是否为 iphoneX
 * @returns {boolean}
 */
export function isIphoneX() {
    return (
        Platform.OS === 'ios' &&
        ((screenH === X_HEIGHT && screenW === X_WIDTH) ||
         (screenH === X_WIDTH && screenW === X_HEIGHT))
    )
}
```

然后，根据判断结果来决定是否使用 SafeAreaView 进行刘海屏适配，如果不需要，则使用以前的页面样式。

```
export function ifIphoneX (iphoneXStyle, regularStyle) {
    if (isIphoneX()) {
        return iphoneXStyle;          // iphoneX 样式
    } else {
        return regularStyle
    }
}
```

由于 SafeAreaView 是 0.50.1 版本才提供的新组件，所以如果要在老版本中适配 iPhoneX 及以上版本的刘海屏，需要借助一些开源的第三方库来实现，常见的有 react-native-safe-area-view。

5.4.3 SegmentedControlIOS

SegmentedControlIOS 是一个分段选择组件，仅对 iOS 平台有效。如果要在 Android 平台实现分段选择，可以使用 Android 原生平台提供的 RadioButton 控件。SegmentedControlIOS 是 React Native 对 iOS 原生系统 UISegmentedControl 控件的封装，效果如图 5-13 所示。

Android

图 5-13　SegmentedControlIOS 分段组件

SegmentedControlIOS 组件的使用方法非常简单，使用时只需要提供 values 和 selectedIndex 属性即可。其中，values 属性表示分段组件的数据源，通常为数组格式，selectedIndex 属性用来表示被选中的选项的下标。

```
export default class App extends Component {

    constructor(props) {
        super(props);
        this.state = {
            index:0
        };
    }

    render() {
        let data=['Android', 'iOS','RN'];
        return (
            <View style={styles.container}>
                <SegmentedControlIOS
                    values={data}
                    selectedIndex={this.state.index}
                    onChange={(event) => {
                    this.setState({index: event.nativeEvent.
selectedSegmentIndex});
                    }}
                />
                <Text style={styles.txtStyle}>{data[this.state.index]}</Text>
            </View>
        );
    }
}
```

SegmentedControlIOS 组件支持的属性和方法如下。

- enabled：设置组件是否可用，默认为 true。
- values：分段数据的数据源，格式为数组。
- momentary：该值为 true 的时候，分段视图将无法实现选择切换。
- selectedIndex：被选中的分段下标。
- tintColor：被选中分段的颜色。
- onChange：点击某一分段时调用此函数，返回参数是一个事件对象。
- onValueChange：点击某一分段时调用此函数，返回结果是被选中段的值。

5.5　PureComponent 组件

PureComponent 又名纯组件，是 React 15.3 版本新增的根组件类。相比于传统的 Component 根组件，PureComponent 加入了很多优化的元素，因此可以认为是一个优化版的 Component。

PureComponent 之所以性能更强，是因为当组件的 props 或 state 发生改变时，PureComponent 将对 props 和 state 进行浅比较，然后调用 render() 绘制界面。而如果组件的 props 和 state 都没发生改变，render() 就不会触发，从而省去虚拟 DOM 的生成和比对过程，以此提升性能。

```
if (this.compositeType === CompositeTypes.PureClass) {
  shouldUpdate = !shallowEqual(prevProps, nextProps)
  || !shallowEqual(inst.state, nextState);
}
```

不过需要注意的是，PureComponent 的 shouldComponentUpdate() 只会对对象进行浅对比，如果遇到的是复杂的数据结构，也有可能会因深层的数据不一致而产生错误的判断结果。

因为 PureComponent 的 shallowEqual 操作，所以在使用 PureComponent 时，需要注意组件的 props 和 state 的引用是否发生改变。如果引用没有发生改变，直接调用 setState() 是不会触发重新渲染操作的。

```
class AppDemo extends PureComponent {
  state = {
    items: [1, 2, 3]
  }
  //删除数组中的数据
  handleClick = () => {
    const { items } = this.state;
    items.pop();
    this.setState({ items });
  }
  render() {
    return (<div>
      <ul>
        {this.state.items.map(i => <li key={i}>{i}</li>)}
      </ul>
      <button onClick={this.handleClick}>delete</button>
    </div>)
  }
}
```

在上面的实例中，当点击 delete 按钮时，列表的内容无论如何也不会变少，原因是列表的子元素使用的是一个引用，PureComponent 组件进行浅比较的结果为 true，所以调用 setState() 不会触发重新渲染操作对象。如果要实现点击删除子元素的功能，需要做如下修改。

```
handleClick = () => {
  const { items } = this.state;
  items.pop();
//每次改变都会产生一个新的数组,来触发 render
this.setState({ items: [].concat(items) });
}
```

在上面的代码中,每次改变 item 对象的值都会产生一个新的数组,以此触发渲染操作。

很多时候,在给组件传一个函数的时候,开发者总喜欢采用下面的写法。

```
<MyInput onChange={e => this.props.update(e.target.value)} />
//更新
update(e) {
  this.props.update(e.target.value)
}
render() {
  return <MyInput onChange={this.update.bind(this)} />
}
```

在上面的代码中,每次渲染操作 MyInput 组件的 onChange 属性都会返回一个新的函数。由于引用的对象不一样,即使没有任何改动,父组件的渲染操作也会触发 MyInput 组件的渲染,从而造成不必要的性能损耗,所以请尽量避免这样的写法。为了避免子组件的重复渲染操作,在给组件传递一个函数参数时,可以采用下面的写法。

```
render() {
  return <MyInput onChange={this.update} />
}
```

平时开发中,为了改善性能、提升渲染速度,可以直接使用 PureComponent 根组件替换 Component,但是这种方式并不是最保险的,特别是对于已经运行了很多年的项目。因此,为了兼容一些老项目,最好还是区别对待。

```
import React { PureComponent, Component } from 'react';
//兼容老版本的写法
class Demo extends (PureComponent || Component) {
  //...
}
```

5.6　本章小结

在前端开发中,特别是 React Native 应用开发中,组件是构成前端页面的核心。通过 React Native 官方提供的组件,开发者可以高效地开发复杂的移动应用。

本章是 React Native 开发的基础章节,也是 React Native 开发的核心章节,介绍了基础组件、列表组件和平台组件。当然,本章介绍的组件只是 React Native 组件的一小部分,平时项目开发用到的组件要比这复杂得多,选取合适的组件可以提高开发效率。

第 6 章
React Native API

6.1 基础 API

如果说组件是构成页面视图的基本元素，那么 API 就是构成功能模块的基本元素。在 React Native 开发中，光依靠组件是远远不够的，因为一个完整的应用，除了页面视图外功能也是很重要的。所谓 API，就是一些预先定义好的函数，目的是让开发人员在无须访问源码或理解内部工作机制的前提下，通过调用 API 实现某种特定的能力。

6.1.1 AppRegistry

在 React Native 应用开发中，AppRegistry 是应用程序 JavaScript 代码的运行入口，是最基本的 API。

通常，运行一个 React Native 应用大致会经历如下过程：应用程序的根组件使用 AppRegistry. registerComponent()注册自己，然后原生系统加载应用的代码及资源包，并在加载完成之后调用 AppRegistry.runApplication()来真正运行应用。

为了便于理解，我们使用 init 命令初始化一个 React Native 应用，然后打开项目的 index.js 文件，会看到如下一段代码。

```
import {AppRegistry} from 'react-native';
import App from './App';
import {name as appName} from './app.json';
//注册根组件
AppRegistry.registerComponent(appName, () => App);
```

使用 Xcode 或 Android Studio 打开对应的原生工程，然后使用 react native run 命令启动项目，此时可以看到一些应用的启动信息，打印的信息正是由 runApplication()输出的。当然，AppRegistry 提供的 getAppKeys()也可以用来获取应用运行时的信息，如下所示。

```
AppRegistry.registerRunnable(appName,()=>{
    alert(AppRegistry.getAppKeys())
})
```

除了 registerComponent()方法外，AppRegistry 还提供以下常用方法。

- registerConfig()：注册指定的配置。
- registerRunnable()：注册进程。
- registerSection()：注册一个切片。
- getAppKeys()：获取所有注册的线程。
- getRegistry()：获取所有注册的信息。
- runApplication()：启动 React Native 应用。
- unmountApplicationComponentAtRootTag()：销毁应用。

需要说明的是，作为 React Native 开发中最基本的 API 之一，AppRegistry 应当先于其他模块导入，以确保其他模块正常运行。

6.1.2 AppState

在 React Native 开发中，经常会遇到前后台状态切换的场景。为了监控应用的运行状态，React Native 提供了 AppState。通过 AppState 开发者可以很容易地获取应用的当前状态。

在 AppState 中，应用的状态被分为 active、background 和 inactive。其中，active 表示应用处于前台运行状态，background 表示应用处于后台运行中，inactive 表示应用处于前后台切换过程中或是处在系统的多任务视图中。

AppState 的使用方法比较简单，通过 AppState.currentState 即可获取应用当前的状态，如图 6-1 所示。

除了获取应用的当前状态外，AppState 还支持事件监听，事件监听需要用到 addEventListener()和 removeEventListener() 两个方法。

图6-1 使用 AppState 获取应用状态

```
export default class App extends Component {

    componentWillMount() {
        AppState.addEventListener('change', this.handleAppState);
    }

    componentWillUnmount() {
        AppState.removeEventListener('change', this.handleAppState);
```

```
    }

    handleAppState(appState) {
        alert('当前状态为: '+appState);
    }

    render() {
        return (
            <View style={styles.btnContainer}>
                <Text style={styles.textStyle}>状态监听中...</Text>
            </View>
        );
    }
}
```

运行上面的代码，按 Home 键将应用退到后台接着再回到前台，可以发现应用的状态会从后台运行切换到前台运行，效果如图 6-2 所示。

图 6-2　AppState 状态监听示例

6.1.3　NetInfo

NetInfo 是 React Native 提供的一个用于获取手机联网状态的 API，开发者使用此 API 可以轻松获取手机的联网状态。之所以能获取手机的联网状态，是因为 React Native 在初始化项目时会默认添加 node-fetch 包的依赖，该包是获取网络状态的重要工具。

　　作为 React Native 开发中一个比较常见的 API，NetInfo 的使用方法比较简单，使用时只需要调用 getConnectionInfo()方法即可获取手机的联网状态。例如，下面是使用 NetInfo 获取手机联网状态的例子。

```
export default class App extends Component {

    getNetInfo(){
        NetInfo.getConnectionInfo().then((connectionInfo) => {
            alert('type: ' + connectionInfo.type);
        });
    }

    render() {
        return (
            <TouchableOpacity onPress={this.getNetInfo.bind(this)}>
                <Text style={styles.textStyle}>获取网络状态</Text>
            </TouchableOpacity>
        );
    }
}
```

　　运行上面的代码，效果如图 6-3 所示。

　　由于 NetInfo 最终是通过原生系统来获取联网信息的，所以 NetInfo 在 iOS 和 Android 上返回的值也不是完全相同的。不过，NetInfo 返回的通用网络类型有 none、wifi、cellular 和 unknown。

- none：设备处于离线状态。
- wifi：通过 Wi-Fi 联网或者设备是 iOS 模拟器。
- cellular：通过蜂窝数据流量联网。
- unknown：联网状态异常。

　　除了上面的通用状态外，Android 设备的联网状态还包括 wimax、bluetooth 和 ethernet。

- bluetooth：设备通过蓝牙协议联网。
- ethernet：设备通过以太网协议联网。
- wimax：设备通过 WiMAX 协议联网。

　　除此之外，NetInfo 的 effectiveType 还可以返回手机的联网类型：如 2G、3G 或 4G。

图 6-3　使用 NetInfo 获取联网状态

　　除了获取联网状态外，开发者还可以使用 NetInfo 提供的 addEventListener()方法来监听网络状态。addEventListener()方法的格式如下。

```
NetInfo.addEventListener(eventName, handler);
```

其中，eventName 表示事件名，handler 表示监听函数。同时，为了不造成事件带来的额外资源消耗，还需要在合适的地方使用 removeEventListener()方法移除事件监听。

```
componentDidMount() {
    NetInfo.addEventListener('change', this.handleNetInfo);
}

componentWillUnmount() {
    NetInfo.removeEventListener('change', this.handleNetInfo);
}

handleNetInfo(status) {
  alert('当前联网状态: ' + status)
}
```

对于 Android 设备来说，NetInfo 提供的 isConnectionExpensive()方法可以用来判断当前连接是否收费，如下所示。

```
NetInfo.isConnectionExpensive()
    .then(isExpensive => {
        console.log((isExpensive ? '收费' : '不收费'));
    }).catch(error => {
        console.error(error);
    });
```

6.1.4　AsyncStorage

AsyncStorage 是一个异步、持久化的数据存储 API，它以键值对的方式保存数据，其作用等价于 iOS 的 NSUserDefaluts 或 Android 的 SharedPreferences。由于 AsyncStorage 的操作是全局的，所以官方建议开发者先对 AsyncStorage 进行封装后再使用，而不是直接使用。

为了方便操作 AsyncStorage，官方提供了如下方法。

* getItem()：根据键值来获取结果，并将获取的结果返回给回调函数。
* setItem()：根据键值来保存 value 的值，完成后调用回调函数。
* removeItem()：根据键值删除某个值，并将结果返回给回调函数。
* mergeItem()：将已有的值和新的值进行合并，合并的结果会返回给回调函数。
* clear()：清除所有的 AsyncStorage 保存的数据。
* getAllKeys()：获取所有本应用可以访问的数据，并将结果返回给回调函数。
* flushGetRequests()：清除所有进行中的查询操作。
* multiGet()：获取 key 所包含的所有字段的值，并将结果以回调函数的方式传递给一个

键值数组。

- multiRemove()：删除所有 key 字段名数组中的数据，并将结果返回给回调函数。
- multiMerge()：将输入的值和已有的值合并，合并的对象要求是数组格式，合并的结果会返回给回调函数。

下面通过一个简单的增删改查示例来说明 AsyncStorage 的基本使用方法，效果如图 6-4 所示。

图 6-4　使用 AsyncStorage 实现增删改查

和其他系统 API 一样，使用 AsyncStorage 之前，需要先使用 import 导入 AsyncStorage，如下所示。

```
import { AsyncStorage } from "react-native"
```

保存数据使用的是 setItem()方法，保存数据需要传递 key 值和 value 值。

```
saveData = async () => {
    try {
        await AsyncStorage.setItem(keyName, keyValue);
    } catch (error) {
        console.log(error)
    }
};
```

获取 AsyncStorage 保存的数据使用的是 getItem()方法，获取数据时只需要传递 key 值即可。

```
getData = async () => {
    try {
```

```
        const value = await AsyncStorage.getItem(keyName);
        if (value !== null) {
            alert('获取的数据: '+value)
        }
    } catch (error) {
        console.log(error)
    }
};
```

更新数据需要同时使用 setItem()方法和 getItem()方法，即先使用 getItem()方法获取需要
更新的对象，然后使用 setItem()方法更新对象的值。

```
updateDate = async () => {
    try {
        const value = await AsyncStorage.getItem(keyName);
        if (value !== null) {
            AsyncStorage.setItem(keyName, keyValue1)
        }
    } catch (error) {
        console.log(error)
    }
};
```

如果要删除 AsyncStorage 保存的某个数据，可以使用 removeItem()函数，执行删除数据
操作时只需要传递一个 key 对象即可。

```
removeData = async () => {
    try {
        const value = await AsyncStorage.removeItem(keyName);
        if (value !== null) {
            alert('删除成功')
        }
    } catch (error) {
        console.log(error)
    }
};
```

需要说明的是，对于 iOS 平台来说，使用 AsyncStorage 保存数据时，系统会把数据保存到
沙盒的 Documents 中并生成 manifest.json 文件，数据就存在这个 manifest.json 文件中。同时，
执行删除操作时也仅仅是删除 manifest.json 文件中的某条数据，而不是删除 manifest.json 文件。

6.1.5　DeviceEventEmitter

在移动应用开发中，如果两个相互独立的组件或进程之间要进行通信，最简单的方式就是
使用广播。DeviceEventEmitter 是 React Native 官方提供的用以实现事件发送和接收的 API，
其作用类似于原生系统的广播。

　　和原生系统的广播机制类似，DeviceEventEmitter 使用的也是典型的发布订阅模式，即接收方在事件接收页面使用 DeviceEventEmitter.addListener()方法注册需要监听的事件，而事件发送方则使用 DeviceEventEmitter.emit 函数发送事件。下面我们以更新消息角标为例来说明如何使用 DeviceEventEmitter 实现跨组件通信，效果如图 6-5 所示。

图 6-5　使用 DeviceEventEmitter 更新消息角标

　　首先新建一个项目，然后在需要接收事件的页面使用 addListener()方法向系统注册监听事件，并在组件的 componentWillUnmount 生命周期函数中使用 remove()方法移除监听事件。

```
componentDidMount() {
    DeviceEventEmitter.addListener('unReadMsg', (num) => {
        this.setState({
            msgCount: num,
        });
    });
}


componentWillUnmount() {
    DeviceEventEmitter.remove();
}
```

接下来，在事件发送页面使用 DeviceEventEmitter 的 emit()方法发送事件即可。

```
eventEmitter(){
    DeviceEventEmitter.emit('unReadMsg',10)
}
```

需要说明的是，使用 DeviceEventEmitter 执行跨组件或跨进程通信时，除了可以发送基本的数据类型，DeviceEventEmitter 还支持传递 JSON 格式数据，开发时可以根据实际情况合理选择。

6.2　屏幕相关 API

6.2.1　Dimensions

Dimensions 是官方提供的一个用于获取屏幕尺寸的 API，主要用于帮助开发者获取屏幕的宽和高的信息。Dimensions 的使用比较简单，只需要使用 get()方法即可获取宽和高的信息，如下所示。

```
import {Dimensions} from 'react-native';

const {width} = Dimensions.get('window');
const {height} = Dimensions.get('window');
const {scale} = Dimensions.get('window');
```

在 iPhone X 上运行上面的示例代码，获取的屏幕宽高信息如图 6-6 所示。

除了 get()方法外，Dimensions 还提供了如下几个方法。

- set()：设置屏幕的宽高数据。
- addEventListener()：添加屏幕事件监听处理，当 Dimensions 对象内的属性改变时触发。
- removeEventListener()：移除屏幕事件监听处理。

图 6-6　使用 Dimensions 获取屏幕宽高

6.2.2　PixelRatio

在 React Native 开发中，PixelRatio 是一个用于获取设备像素密度的 API。所谓设备像素，指的是物理像素和设备独立像素之间的比值。以 iPhone4 为例，屏幕的物理像素为 640，独立像素为 320，那么 PixelRatio 就是 2。

事实上，React Native 开发使用的尺寸单位是 pt，由于移动设备之间的像素密度不一样，所以 1pt 对应的像素数也是不一样的。因此，在实际开发中可以通过 PixelRatio 和 Dimensions

来计算屏幕的分辨率，公式如下。

屏幕分辨率=屏幕宽高×屏幕像素密度

在 React Native 中，使用 PixelRatio.get()方法即可获取设备的像素密度。其中，常见设备的屏幕像素密度如表 6-1 所示。

表 6-1   常见屏幕像素密度表

设备像素密度	设 备
1	mdpi Android 设备
1.5	hdpi Android 设备
2	iPhone4/5s/5/5c/5s/6/7/8 以及 xhdpi Android 设备
3	6Plus/6sPlus/7Plus/X/XS/Max 以及 xxhdpi Android 设备
3.5	Nexus 6/Pixel XL、2XL Android 设备

例如，为了让一个图片在不同屏幕分辨率的设备上显示相同的效果，就需要使用 PixelRatio 对图片进行适配。

```
render() {
    let width = PixelRatio.getPixelSizeForLayoutSize(200)
    let height = PixelRatio.getPixelSizeForLayoutSize(200)

return (
    <Image source={image} style={{width: width, height: height}}/>
  );
}
```

在平时的开发中，除了 getPixelSizeForLayoutSize()方法外，PixelRatio 还提供了如下几个方法。

- get()：获取设备的像素密度。
- getFontScale()：返回字体大小缩放比例。
- roundToNearestPixel()：将布局大小设置为与整数像素数最接近的布局大小。

6.3   动画 API

在移动应用开发中，流畅的动画是提升用户体验的重要手段。React Native 为开发者提供了简洁且强大的动画 API，这些 API 包括 requestAnimationFrame、LayoutAnimation 和 Animated。

- requestAnimationFrame：帧动画，通过不断改变组件的状态来实现动画效果。
- LayoutAnimation：布局动画，当布局发生改变时的动画模块，允许在全局范围内创建和更新动画。

- Animated：最强大的动画 API，用于创建更精细的交互控制动画，例如实现组合动画。

6.3.1 requestAnimationFrame

requestAnimationFrame 是 React Native 提供的用于实现帧动画的 API，不过使用此 API 实现帧动画效果是非常简单粗暴的。requestAnimationFrame 通过修改组件的 state 值来不断改变视图上的样式，从而实现动画效果。下面的示例演示了使用 requestAnimationFrame 实现帧动画的过程，代码如下。

```
export default class App extends Component {

    constructor(props) {
        super(props);
        this.state = {
            width: 200,
            height: 200
        };
    }

    largePress() {
        let count = 0;
        while (++count < 30) {
            requestAnimationFrame(() => {
                this.setState({
                    width: this.state.width + 1,
                    height: this.state.height + 1
                });
            })
        }
    }

    render() {
        return (
            <View style={styles.container}>
                <View style={{width: this.state.width, height: this.state
.height}}/>
                <TouchableOpacity onPress={this.largePress.bind(this)}>
                    <Text style={styles.textStyle}>点击增大</Text>
                </TouchableOpacity>
            </View>
        );
```

```
        }
    }
```

运行上面的代码，然后不断点击按钮即可实现方块变大效果，效果如图 6-7 所示。

图 6-7 使用 requestAnimationFrame 实现帧动画示例

requestAnimationFrame 通过不断修改组件的 state 值实现动画效果，但频繁地修改状态必然会导致组件频繁地销毁和重绘，导致内存开销大，引发性能问题，因此不建议使用。

6.3.2 LayoutAnimation

相比 requestAnimationFrame 动画 API，LayoutAnimation 的实现就要简单和智能得多。LayoutAnimation 只有在组件的布局发生变化时，才会去执行视图的更新，因此 LayoutAnimation 又被称为布局动画。

例如，使用 requestAnimationFrame 实现的动画改用 LayoutAnimation 实现的话，代码则会简洁许多，并且性能也更好，代码如下。

```
export default class App extends Component {

    constructor(props) {
        super(props);
        this.state = {
            width: 200,
```

```
                height: 200,
            };
        }

        componentWillUpdate() {
            LayoutAnimation.configureNext(customAnim.customSpring);
         }

        largePress() {
            LayoutAnimation.spring();
            this.setState({width: this.state.width + 20, height: this.state.
height + 20});
        }

        render() {
            return (
                … //省略相同的布局
            );
        }
    }
```

如上所示，使用 LayoutAnimation 动画 API 实现动画效果最简单的方法是调用 Layout
Animation.configureNext()，然后再调用 setState() 来更新组件的属性值。

configureNext() 方法用于配置动画效果，可配置的选项如下所示。

- duration：动画时长。
- create：组件创建时的动画。
- update：组件更新时的动画。
- delete：组件销毁时的动画。

其中，create、update 和 delete 配置的类型定义如下所示。

```
type Anim={
    duration? : number ,                             //动画时常
    delay?: number ,                                 //动画延迟
    springDamping? : number ,                        //弹跳动画阻尼系数
    initialV elocity? : number ,                     //初始速度
    type?: $Enum<typeof TypesEnum> ,                 //动画类型
    property? : $Enum<typeof PropertiesEnum> ,       //动画属性
}
```

LayoutAnimation 的动画类型 type 定义在 LayoutAnimation.Types 中，常见的动画类型有
spring、linear、easeInEaseOut、easeIn 和 easeOut。

- spring：弹跳动画
- linear：线性动画

- easeInEaseOut：缓入缓出动画
- easeIn：缓入动画
- easeOut：缓出动画

动画属性 property 定义在 LayoutAnimation.Properties 中，支持的动画属性有 opacity 和 scaleXY。

- opacity：透明度
- scaleXY：缩放

借助 LayoutAnimation 提供的属性和方法，开发者可以很容易地实现各种复杂的动画效果。下面是使用 LayoutAnimation 实现自定义组合动画的示例。

```
customSpring: {
    duration: 400,
    create: {
        type: LayoutAnimation.Types.spring,
        property: LayoutAnimation.Properties.scaleXY,
        springDamping: 0.6
    },
    update: {
        type: LayoutAnimation.Types.spring,
        springDamping: 0.6
    }
},
```

然后，在组件的 componentWillUpdate() 方法中加载自定义的动画配置即可。

```
componentWillUpdate() {
    LayoutAnimation.configureNext(customAnim.customSpring);
}
```

LayoutAnimation 被称为布局动画，通常被用在布局切换过程中。对于动画要求不是很高的场景，可以使用 LayoutAnimation 来实现。如果要实现精确的交互式组合动画，就需要使用另外一个动画 API，即 Animated。

6.3.3 Animated

相比 requestAnimationFrame 和 LayoutAnimation 两种动画来说，Animated 就要强大得多，Animated 被设计用来处理精确的交互式动画。借助 Animated，开发者可以很容易地实现各种复杂的动画和交互，并且具备极高的性能。

Animated 动画仅关注动画的输入、输出声明以及两者之间的可配置变换，然后使用 start()、stop() 方法来控制基于时间的动画执行，因此使用起来比较简单。

创建 Animated 动画最简单的方式就是创建一个 Animated.Value，并将它绑定到组件的一个或多个样式属性上，然后使用 Animated.timing()方法驱动数据的变化，进而完成渐变动画效果。

```javascript
export default class App extends Component {

    constructor(props) {
        super(props);
        this.state = {
            fadeIn: new Animated.Value(0),
        };
    }

    onPress() {
        Animated.timing(this.state.fadeIn, {     //要变化的动画值
            toValue: 1,                           //最终的动画值
            duration: 2000,                       //动画执行时间
            easing: Easing.linear,                //渐变函数
        }).start();
    }

    render() {
        return (
            <View style={styles.container}>
                <Animated.View style={{opacity: this.state.fadeIn}}>
                    <Text style={styles.content}>Hello World!</Text>
                </Animated.View>
            </View>
        );
    }
}
```

在上面的代码中，首先使用 Animated.Value 设定一个或多个初始值，然后将 Animated.Value 绑定到组件的 style 属性上，最后使用 Animated.timing()设置动画参数并调用 start()启动渐变动画。

除了 Animated.View 动画组件之外，目前官方支持 Animated 动画的组件还包括 Animated. ScrollView、Animated.Image 和 Animated.Text。如果想要其他组件也支持 Animated 动画，可以使用 createAnimatedComponent()进行封装。

除了 timing 动画，Animated 支持的动画类型还有 decay 和 spring。每种动画类型都提供了特定的函数曲线，用于控制动画值从初始值到最终值的变化过程。

- decay：衰减动画，以一个初始速度开始并且逐渐减慢停止。
- spring：弹跳动画，基于阻尼谐振动的弹性动画。
- timing：渐变动画，按照线性函数执行的动画。

在 Animated 动画 API 中，decay、spring 和 timing 是动画的核心，其他的复杂动画都可以使用这三种动画类型实现。

- static decay(value, config)
- static timing(value, config)
- static spring(value, config)

作为 Animated 动画的核心，decay、timing 和 spring 动画参数接收 value 和 config 两个参数。其中，value 表示动画的 x 轴或 y 轴的初始值，config 则表示动画的配置选项。

其中，decay 用于定义一个衰减动画，创建 decay 动画的格式如下。

```
type DecayAnimationConfig = AnimationConfig & {
  velocity: number | {x: number, y: number},    //初始速度
  deceleration?: number,                         //衰减系数
};
```

decay 动画的 config 参数支持如下属性。

- velocity：初始速度，必填值。
- deceleration：衰减系数，默认值为 0.997。
- isInteraction:指定本动画是否在 InteractionManager 的队列中注册以影响其任务调度，默认值为 true。
- useNativeDriver：是否启用原生动画驱动，默认为 false。

timing 用于定义线性渐变动画,Animated 动画的 Easing 模块定义了很多有用的渐变函数，开发者可以根据需要自行选择，创建 timing 动画的格式如下。

```
type TimingAnimationConfig = AnimationConfig & {
  toValue: number | AnimatedValue | {x: number, y: number} | AnimatedValueXY,
  easing?: (value: number) => number,        //缓动函数
  duration?: number,                         //动画时长
  delay?: number,                            //动画延迟时间
};
```

timing 动画的 config 参数支持如下属性。

- duration：动画的持续时间，默认为 500。
- easing：缓动函数，默认为 Easing.inOut。
- delay：开始动画前的延迟时间。
- isInteraction:指定本动画是否在 InteractionManager 的队列中注册以影响其任务调度，默认值为 true。
- useNativeDriver：是否启用原生动画驱动，默认为 false。

spring 则用于定义一个弹跳动画，创建 spring 动画的格式如下。

```
type SpringAnimationConfig = AnimationConfig & {
  toValue: number | AnimatedValue | {x: number, y: number} | AnimatedValueXY,
  overshootClamping?: bool,
  restDisplacementThreshold?: number,
```

```
        restSpeedThreshold?: number,
        velocity?: number | {x: number, y: number},        //初始速度
        bounciness?: number,                                //反弹系数
        speed?: number,                                     //反弹速度
        tension?: number,                                   //张力系数
        friction?: number,                                  //阻尼系数
};
```

spring 动画的 config 参数支持如下属性。

- friction：阻尼系数，默认值为 7。
- tension：张力系统，默认值为 40。
- speed：弹跳速度，默认值为 12。
- bounciness：反弹系数，默认值为 8。
- useNativeDriver：是否使用原生动画驱动，默认不启用。

需要注意的是，使用 spring 动画的过程中，由于 bounciness/speed 和 tension/friction 是以组的形式存在的，所以在定义 spring 动画时只能使用其中一组。

除了上面介绍的一些动画 API 之外，Animated 还支持复杂的组合动画，如常见的串行动画和并行动画。Animated 可以通过以下方法将多个动画组合起来。

- parallel：并行执行。
- sequence：顺序执行。
- stagger：错峰执行，其实就是插入 delay 的 parrllel 动画。

delay，是组合动画之间的延迟方法，严格来讲不算是组合动画。

例如，下面是使用 Animated 的 sequence 函数实现串行动画的示例。

```
export default class App extends Component {

    constructor(props) {
        super(props);
        this.state = {
            bounceValue: new Animated.Value(0),
            rotateValue: new Animated.Value(0),
        };
    }

    onPress() {
        Animated.sequence([
            Animated.spring(this.state.bounceValue,{toValue:1}),//弹跳动画
            Animated.delay(500),                                //动画延迟
            Animated.timing(this.state.rotateValue, {           //渐变动画
                toValue: 1,
                duration: 800,
                easing: Easing.out(Easing.quad),
```

```
            })
        ]).start();                                    //开始执行动画
    }

    render() {
        return (
            <View style={styles.container}>
                <Animated.View style={{[styles.content, {transform: [
                        {rotate: this.state.rotateValue.interpolate({
                            inputRange: [0, 1],
                            outputRange: [
                                '0deg', '360deg'
                            ],
                        })},{
                        scale:this.state.bounceValue,
                    }
                ]}]}>
                    <Text style={styles.content}>Hello World!</Text>
                </Animated.View>
                <TouchableOpacity onPress={this.onPress.bind(this)}>
                    <Text style={styles.textStyle}>串行动画</Text>
                </TouchableOpacity>
            </View>
        );
    }
}
```

在上面的代码中，组合动画首先执行的是弹跳动画，延迟 0.5 秒后再执行旋转动画。

说完串行动画，很自然就会想到并行动画。并行动画使用的是 parallel() 方法，该方法可以让多个动画并行执行。对上面串行动画进行如下修改即可实现并行动画。

```
onPress() {
    Animated.parallel([
        Animated.spring(this.state.bounceValue, {
            toValue: 1,
        }),
        Animated.timing(this.state.rotateValue, {
            toValue: 1,
            easing: Easing.elastic(1),
        })
    ]).start();
}
```

除了上面介绍的一些常见的动画场景，Animated 还支持手势控制动画。手势控制动画使用的是 Animated.event，它支持将手势或其他事件直接绑定到动态值上。下面是使用

Animated.event 实现图片水平滚动时的图片背景渐变效果。

```
export default class AnimatedScroll extends Component {

    state: {
        xOffset: Animated,
    };

    constructor(props) {
        super(props);
        this.state = {
            xOffset: new Animated.Value(1.0)
        };
    }

    render() {
        return (
            <View style={styles.container}>
                <ScrollView horizontal={true}
                    showsHorizontalScrollIndicator={false}
                    style={styles.imageStyle}
                    onScroll={Animated.event(
                        [{nativeEvent: {contentOffset: {x: this.state.xOffset
}}}])}>
                    <Animated.Image source={{uri:'xxx'}}
                        style={{[styles.imageStyle,{ opacity: this.state.xOffset
.interpolate({inputRange: [0, 375], outputRange: [1.0, 0.0]
                        }),
                    }]}}
                        resizeMode="cover"/>
        <Image source={{uri:'xxx'}} style={styles.imageStyle} resizeMode
="cover"/>
                </ScrollView>
            </View>
        );
    }
}
```

运行上面的代码，当 ScrollView 逐渐向左滑动时，左边的图片透明度会逐渐降为 0，效果
如图 6-8 所示。

作为提升用户体验的重要手段，动画对于移动应用程序来说是非常重要的，因此合理地使
用动画是必须掌握的一项技能。

图 6-8　Animated 手势动画示例

6.4　平台 API

6.4.1　BackHandler

BackHandler 是 React Native 在 0.44 版本发布的用于监听 Android 设备返回事件的 API，用以代替之前版本中的 BackAndroid。

BackHandler 的用法和 BackAndroid 类似，主要是使用 addEventListener()方法添加事件监听和使用 removeEventListener()方法移除事件监听，格式如下。

```
BackHandler. addEventListener('hardwareBackPress', this.onBackPressed);
BackHandler. removeEventListener('hardwareBackPress', this.onBackPressed);
```

对于 Android 环境来说，如果要退出应用，还可以使用 BackHandler 提供的 exitApp()方法。下面是使用 BackHandler 实现连续点击两次返回键退出应用的示例，代码如下。

```
onBackPress() {
    if (this.lastBackPressed && this.lastBackPressed + 2000 >= Date.now()) {
        return false;
    }
    this.lastBackPressed = Date.now();
    ToastAndroid.show('再按一次退出应用', ToastAndroid.LONG);
```

```
        BackHandler.exitApp()
        return true;
    }

componentDidMount() {
    BackHandler.addEventListener('hardwareBackPress',this.onBackPress);
}

componentWillUnmount() {
    BackHandler.removeEventListener('hardwareBackPress',this.onBackPress);
}
```

　　在上面的代码中，当两次点击按钮的时间间隔小于 2 秒，就会执行退出应用操作。运行上面的代码，连续两次点击返回按钮，且时间间隔小于 2 秒时，就会出现如图 6-9 所示的效果。

图 6-9　BackHandler 示例

6.4.2　PermissionsAndroid

　　PermissionsAndroid 是 React Native 为了适配 Android 6.0 及以上版本的动态权限问题而推出的 API，仅对 Android 平台有效。

　　众所周知，在 Android 6.0 版本以前，应用想要获取系统权限，只需要在应用的 Android Mainfest.xml 配置文件中声明即可。不过，在 Android 6.0 版本中，官方对权限系统做了重大升级，将所有权限分成了正常权限和危险权限，所有危险权限需要动态申请并得到用户的授权后才能使用。Android6.0 以上版本的危险权限如表 6-2 所示。

表 6-2 Android6.0 以上版本危险权限表

权 限 组 名	权 限 名 称
CALENDAR（日历）	READ_CALENDAR
	WRITE_CALENDAR
CAMERA（相机）	CAMERA
CONTACTS（联系人）	READ_CONTACTS
	WRITE_CONTACTS
	GET_ACCOUNTS
LOCATION（位置）	ACCESS_FINE_LOCATION
	ACCESS_COARSE_LOCATION
MICROPHONE（麦克风）	RECORD_AUDIO
PHONE（手机）	READ_PHONE_STATE
	CALL_PHONE
	ERAD_CALL_LOG
	WRITE_CALL_LOG
	ADD_VOICEMAIL
	USE_SIP
	PROCESS_OUTGOING_CALLS
SENSORS（传感器）	BODY_SENSORS
SMS（短信）	SEND_SMS
	RECEIVE_SMS
	READ_SMS
	RECEIVE_WAP_PUSH
	RECEIVE_MMS
STORAGE（存储卡）	READ_EXTERNAL_STORAGE
	WRITE_EXTERNAL_STORAGE

为了方便开发者快速地适配 Android 6.0 及以上版本的动态权限，React Native 提供了如下方法。

- check()：检测用户是否授权过某个动态权限。
- request()：弹出提示框向用户请求某项动态权限。
- requestMultiple()：弹出提示框向用户请求多个动态权限。

由于适配 Android 6.0 动态权限需要原生 Android 平台的支持，因此使用 Permissions Android 适配 Android 6.0 及以上版本的动态权限的第一步，就是在原生 Android 工程的 Android Mainfest.xml 文件中添加需要申请的动态权限。

```
<uses-permission android:name="android.permission.READ_EXTERNAL_STORAGE"/>
<uses-permission android:name="android.permission.WRITE_EXTERNAL_STORAGE"/>
```

然后，使用 PermissionsAndroid 提供的 request()方法申请权限。由于申请权限是一个异步的过程，所以申请权限的方法需要使用 async 关键字修饰。

```
async requestReadPermission() {
    try {
        const granted = await PermissionsAndroid.request(
            PermissionsAndroid.PERMISSIONS. READ_EXTERNAL_STORAGE,{
                'title': '申请读写权限',
                'message': '没权限我不能工作，同意就好了'
            }
        )
        if (granted === PermissionsAndroid.RESULTS.GRANTED) {
            this.show("已获取读写权限")
        } else {
            this.show("获取读写权限失败")
        }
    } catch (err) {
        console.warn(err)
    }
}
```

在执行上面的代码时，系统将会弹出如图 6-10 所示的权限申请提示框。

动态权限的返回值会以常量的形式记录在 PermissionsAndroid.RESULTS 中，返回值的类型有 GRANTED、DENIED 和 NEVER_ASK_AGAIN 3 种类型。

- GRANTED：表示用户已授权。
- DENIED：表示用户已拒绝。
- NEVER_ASK_AGAIN：表示用户已拒绝，且不愿被再次询问。

如果想要检测用户是否授权了某个权限，可以使用 PermissionsAndroid 提供的 check()方法。该方法会返回一个 Promise 对象，返回值是一个布尔变量，表示用户是否授权申请的权限。

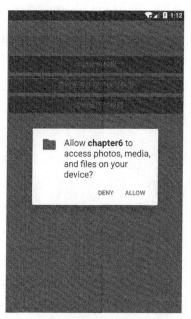

图 6-10　Android6.0 及以上版本动态权限适配

```
checkPermission() {
    try {
        const granted = PermissionsAndroid.check(
            PermissionsAndroid.PERMISSIONS.WRITE_EXTERNAL_STORAGE
        )
        granted.then((data) => {
            this.show("是否获取读写权限" + data)
        }).catch((err) => {
            this.show(err.toString())
        })
    } catch (err) {
        console.warn (err.toString())
    }
}
```

如果想要一次性申请多个动态权限，那么可以使用 PermissionsAndroid 提供的 requestMultiple()方法，使用时只需要传入一个权限数组即可。

```
async requestMultiplePermission() {
    try {
        const permissions = [
        PermissionsAndroid.PERMISSIONS.WRITE_EXTERNAL_STORAGE,
        PermissionsAndroid.PERMISSIONS.ACCESS_FINE_LOCATION,
        PermissionsAndroid.PERMISSIONS.CAMERA]
        //返回的是对象类型
```

```
        const granteds = await PermissionsAndroid.requestMultiple(permissions)
        let data = "是否同意地址权限: "
        if (granteds["android.permission.ACCESS_FINE_LOCATION"] === "granted") {
            data = data + "是\n"
        } else {
            data = data + "否\n"
        }
        //...省略其他权限检测
          this.show(data)
    } catch (err) {
      console.warn(err.toString())
    }
  }
```

6.4.3 AlertIOS

对于 iOS 开发者来说，React Native 官方提供的弹出对话框主要有两个，分别是 Alert 与 AlertIOS。前者可以在 Android 平台和 iOS 平台通用，后者只能适用于 iOS 平台。

除了可以实现提示对话框效果外，AlertIOS 还能显示一个带输入框的提示框，效果如图 6-11 所示。

图 6-11　AlertIOS 弹框效果

使用 AlertIOS 开发提示弹框时，如果是提示对话框，可以使用 AlertIOS 的 alert()方法，如果是输入框提示框，则可以使用 AlertIOS 的 prompt()方法。

```
AlertIOS.alert(
    'Alert Title',
    'My Alert Msg',
    [{text: '确认', onPress: () => console.log('确认 Pressed!')},
    {text: '取消', onPress: () => console.log('取消 Pressed!')}]
    )

AlertIOS.prompt(
    'Alert Title',
    'My Alert Input',
    [{text: '确认', onPress: () => console.log('确认 Pressed!')},
     {text: '取消', onPress: () => console.log('取消 Pressed!')}]
    )
```

当然，除了使用官方提供的组件外，最常用的还是使用自定义组件，实现不同效果的弹对话框。

6.4.4 PushNotificationIOS

PushNotificationIOS 是 React Native 官方提供的本地推送通知 API，其作用类似于原生 iOS 系统的 NSNotification。借助此 API，开发者可以轻松地实现诸如权限控制以及修改应用图标角标数的任务。

默认情况下，React Native 项目的 iOS 工程是没有添加 PushNotificationIOS 库依赖的，所以在使用 PushNotificationIOS 开发通知推送功能之前，需要开发者手动导入并链接 PushNotificationIOS 的原生库，否则将无法进行后面的开发。导入并链接 PushNotificationIOS 原生库可以参考下面的步骤。

首先，使用 Xcode 打开 React Native 项目的 iOS 原生工程，然后将 node_module/react-native/Libraries/PushNotificationIOS 目录下的 RCTPushNotification.xcodeproj 文件拖到 iOS 工程的 Library 目录中，如图 6-12 所示。

然后，在 Xcode 的 TARGETS 选项面板中选中项目，并在 Link Binary With Libraries 选项中添加静态库 libRCTPushNotification.a，如图 6-13 所示。

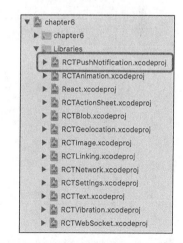

图 6-12　添加 PushNotificationIOS 库依赖

接下来，还需要在 Xcode 的 Capabilities 标签中打开推送相关的配置，即开启 Push Notification 和 Background Modes 选项，并勾选 Background Modes 选项的 Remote notifications，如图 6-14 所示。

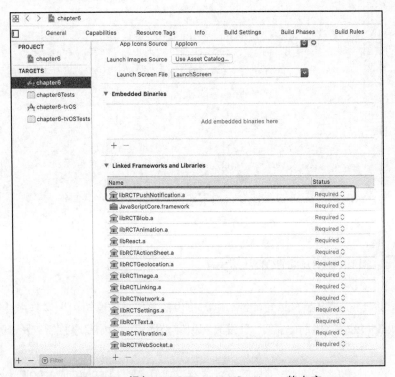

图 6-13　添加 libRCTPushNotification.a 静态库

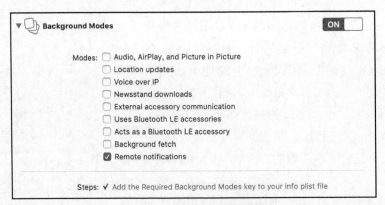

图 6-14　打开 iOS 推送配置

为了让应用能够正常接收推送通知，还需要在 AppDelegate.m 文件中启用推送通知的支持以及注册监听事件。

首先，在 AppDelegate.m 文件的头部引入 PushNotificationIOS 依赖库。

```
#import <React/RCTPushNotificationManager.h>
```

然后，在 AppDelegate.m 文件中添加如下一些必要的方法。

```
//注册通知
- (void)application:(UIApplication *)application didRegisterUser
NotificationSettings:(UIUserNotificationSettings *)notificationSettings
{
  [RCTPushNotificationManager didRegisterUserNotificationSettings:
notificationSettings];
}
//注册事件
- (void)application:(UIApplication *)application didRegisterFor
RemoteNotificationsWithDeviceToken:(NSData *)deviceToken
{
  [RCTPushNotificationManager didRegisterForRemoteNotificationsWith
DeviceToken:deviceToken];
}
//通知事件
- (void)application:(UIApplication *)application didReceiveRemote
Notification:(NSDictionary *)notification
{
  [RCTPushNotificationManager didReceiveRemoteNotification:notification];
}
//本地通知事件
- (void)application:(UIApplication *)application didReceiveLocalNotif
ication:(UILocalNotification *)notification
{
  [RCTPushNotificationManager didReceiveLocalNotification:notification];
}
```

至此，PushNotificationIOS 需要的原生配置就完成了。接下来，可以使用 PushNotificationIOS 提供的相关 API 开发通知服务了。

```
export default class App extends Component {

    componentDidMount(){
        PushNotificationIOS.addEventListener('localNotification', this.
onLocalNotification);
    }

    componentWillUnmount(){
        PushNotificationIOS.removeEventListener('localNotification',
this.onLocalNotification);
    }

    onLocalNotification(notification){
```

```
        AlertIOS.alert(
            'Local Notification Received',
            'Alert message: ' + notification.getMessage(),
            [{
                text: 'Dismiss',
                onPress: null,
            }]
        );
    }

    sendScheduleNotification () {
        PushNotificationIOS.scheduleLocalNotification({
            fireDate:new Date().getTime()+5000,
            alertBody:'要在通知提示中显示的消息',
            category: 'REACT_NATIVE',
            applicationIconBadgeNumber:5
        })
    }

    sendLocalNotification() {
        PushNotificationIOS.presentLocalNotification({
            alertBody:'要在通知提示中显示的消息',
            sound: 'default',
            // category: 'REACT_NATIVE',
            applicationIconBadgeNumber:10
        })
    }

    render() {
        return (
            <View>
                <TouchableOpacity  onPress={this. sendScheduleNotification}>
                    <Text style={styles.textStyle}>发送延迟通知</Text>
                </TouchableOpacity>

                <TouchableOpacity onPress={this.sendLocalNotification}>
                    <Text style={styles.textStyle}>发送本地通知</Text>
                </TouchableOpacity>
            </View>
        );
    }
}
```

　　上面的代码模拟了 iOS 的本地即时通知和延时通知，分别使用的是 presentLocal Notification()
和 scheduleLocalNotification()方法。执行示例代码，效果如图 6-15 所示。

　　除了示例中使用的 presentLocalNotification()和 scheduleLocalNotification()两个方法外，

PushNotificationIOS 还提供了其他一些操作推送通知的方法。

- cancelAllLocalNotifications()：取消所有计划的本地通知。
- setApplicationIconBadgeNumber()：设置手机主屏幕应用图标上的角标数。
- getApplicationIconBadgeNumber()：获取手机主屏幕应用图标上的角标数。
- addEventListener()：添加一个监听器，监听远程或本地推送的通知事件，不论应用是在前台还是在后台运行。
- requestPermissions()：向 iOS 系统请求通知权限，给用户展示一个对话框。默认情况下，它会请求所有权限。
- abandonPermissions()：注销所有从苹果推送通知服务收到的远程消息。
- checkPermissions()：检查哪些推送通知权限被开启。
- removeEventListener()：在 componentWillUnmount 中调用此函数移除注册事件监听器。
- getInitialNotification()：如果用户通过点击推送通知来冷启动应用，此函数会返回一个初始的通知。
- getMessage()：获取推送通知的主消息内容。
- getSound()：从 aps 对象中获取声音字符串。
- getBadgeCount()：从 aps 对象中获取推送通知的角标数。
- getData()：获取推送的数据对象。

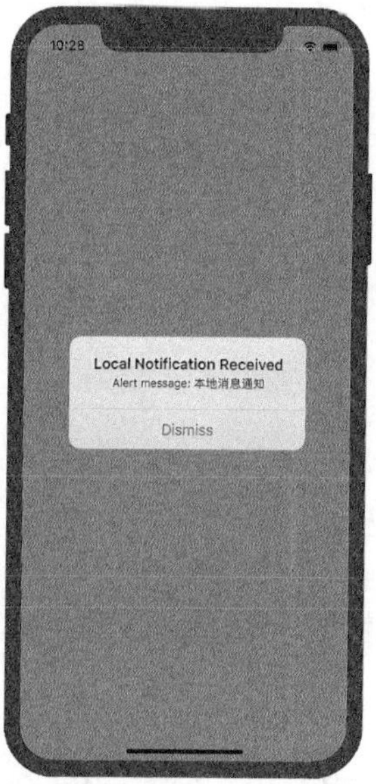

图 6-15 PushNotificationIOS
本地通知

由于 PushNotificationIOS 只是针对 iOS 系统，如果要在 Android 系统中实现推送通知功能，那么就需要在 Android 原生端集成相应的推送 SDK。不过，在商业项目开发过程中，更多的时候是直接选择推送服务提供商，比如友盟、极光推送、Leancloud 和网易云信等。

6.5 本章小结

在 React Native 开发中，API 是一个比较重要的内容。API 赋予了开发人员在无须理解系统内部工作原理的前提下，就可以通过调用某个 API 实现某种特定功能的能力。

本章是 React Native 开发的基础章节，也是 React Native 开发的核心章节。本章主要从基础 API、动画 API 和平台 API 等方面介绍 API 的基础知识。在学习完本章后，读者将会对 React Native 的开发体系有一个基础的认识，为深入项目开发打下基础。

第7章
React Native 开发进阶

7.1 组件生命周期详解

7.1.1 组件生命周期基础知识

组件，又名控件，是一段独立可复用的代码。在 React Native 应用开发中，组件是页面最基本的组成部分。

和 React 的组件一样，React Native 的组件也有自己的生命周期。在 React Native 应用开发中，组件的生命周期指组件初始化并挂载到虚拟 DOM 为起始，到组件从虚拟 DOM 卸载为终结的整个过程，整个生命周期如图 7-1 所示。

如图可知，React Native 组件的生命周期大体可以分为 3 个阶段，即挂载（mounting）、更新（updating）和卸载（unmounting）。其中，挂载和更新阶段都会调用 render()方法绘制视图。组件的每个生命周期阶段都提供了一些方法供开发者调用，以实现相应的需求和功能。

挂载阶段指的是从组件的实例被创建到将其插入 DOM 的过程。挂载阶段涉及的生命周期方法如下。

- defaultProps()：此阶段主要用于初始化一些默认属性，在 ES6 语法中，则统一使用 static 成员来定义。
- constructor()：此方法是组件的构造方法，可以在此阶段对组件的一些状态进行初始化。不同于 defaultProps()，此方法定义的变量可以通过 this.setState 进行修改。
- componentWillMount()：在挂载前被立即调用。它在 render()方法之前被执行，因此在此方法中设置 state 不会导致重新渲染。
- render()：此方法主要用于渲染组件，返回 JSX 或其他组件构成 DOM。同时，此方法应尽量保持纯净，只渲染组件不修改状态。

- componentDidMount()：此方法在挂载结束之后立即调用，即在 render()方法后被执行。开发者可以在此方法中获取元素或者子组件，也可以在此方法中执行网络请求操作。

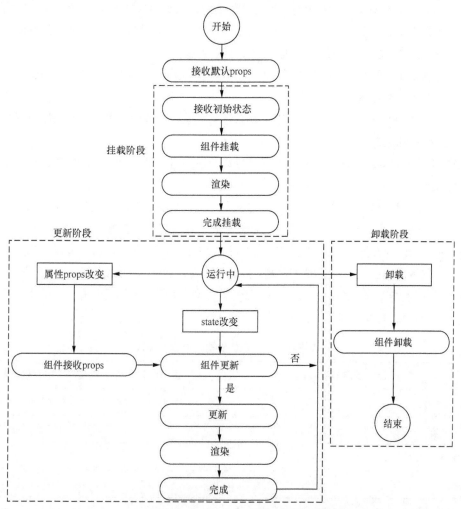

图 7-1 React Native 组件生命周期示意图

当组件经过初始化阶段之后，应用程序就正常运行起来了，此时应用程序进入了运行阶段。运行阶段有个明显的特征，就是不论修改 props 还是 state，系统都会调用 shouldComponent-Update()方法来判断视图是否需要渲染。如果不需要，则不执行渲染，如果需要重新渲染，则调用 render()方法执行视图的重绘。并且 props 的改变会比 state 的改变多一个步骤，props 会先调用 componentWillReceiveProps()方法接收 props 后，再判断是否需要执行更新操作。运行阶段涉及的组件的生命周期函数如下。

- componentWillReceiveProps()：在挂载的组件接收到新的 props 时被调用。它接收一个 Object 类型的参数 nextProps，然后调用 this.setState()来更新组件的状态。
- shouldComponentUpdate()：当组件接收到新的 props 或 state 时此方法就会被调用。此方法默认返回 true，用来保证数据变化时组件能够重新渲染。当然，开发者也可以重载此方法来决定组件是否需要执行重新渲染。
- componentWillUpdate()：如果 shouldComponentUpdate()方法返回为 true，则此方法会在组件重新渲染前被调用。
- componentDidUpdate()：在组件重新渲染完成后被调用，可以在此函数中得到渲染完成之后的通知。

销毁阶段又名卸载阶段，主要指组件从挂载阶段到将其从 DOM 中删除的过程，是组件生命周期的终点。

除了正常移除组件外，组件的销毁还可能是由其他情况引起的，如系统遇到错误崩溃、系统内存空间不足，以及用户退出应用等。销毁阶段涉及的组件的生命周期函数如下。

- componentWillUnmount()：在组件卸载和销毁之前被立即调用。可以在此方法中执行必要的清理工作，如关掉计时器、取消网络请求和清除创建的 DOM 元素等。

在组件的整个生命周期中，每一个生命周期函数并不是只被调用一次，有的生命周期函数在整个生命周期阶段可能被调用多次，具体参考表 7-1。

表 7-1 组件生命周期函数调用次数

函 数 名 称	调 用 次 数	是否更新状态
defaultProps	1（全局仅 1 次）	否
constructor	1	否
componentWillMount	1	是
render	≥1	否
componentDidMount	1	是
componentWillReceiveProps	≥0	是
shouldComponentUpdate	≥0	否
componentWillUpdate	≥0	否
componentDidUpdate	≥0	否
componentWillUnmount	1	否

7.1.2 虚拟 DOM

众所周知，Web 界面本质上是由 DOM 树构成的，当其中某个部分发生变化时，其实就是对应的 DOM 节点发生了变化。

在 jQuery 出现以前，前端开发人员如果要修改界面，需要直接操作 DOM 节点。在这一时期，程序的代码结构混乱，复杂度高、可维护性和兼容性都较差。不过，随着 jQuery 以及高度封装 API 的出现，开发人员慢慢地从烦琐的 DOM 操作中解脱出来。MVVM 使用的数据双向绑定和自动更新技术使得前端开发效率大幅提升，但是大量的事件绑定导致的执行性能低下的问题依然存在。

那么有没有一种兼顾开发效率和执行效率的方案呢？答案是有的。ReactJS 就是这么一种同时兼顾开发效率和执行效率的技术框架。虽然其 JSX 语法受到很多开发者的质疑，但是它的虚拟 DOM 技术却得到了开发者的一致认可。此外，Vue 框架也在 2.0 版本引入了这一机制。

众所周知，React 中的组件并不是真实的 DOM 节点，而是存在于内存之中的一种数据结构，叫作虚拟 DOM。只有当它被插入文档以后，才会变成真实的 DOM，其模型如图 7-2 所示。

图 7-2　虚拟 DOM 更新示意图

根据 React 的设计，所有的 DOM 变动都需要先反映在虚拟 DOM 上，再将实际发生变动的部分反映在真实 DOM 上，而这一过程的核心就是 DOM diff 算法。它可以减少不必要的 DOM 渲染，极大地提高组件的渲染性能。

```
<ul class="list">
    <li>item1</li>
    <li>item2</li>
</ul>
```

现在，假如将代码中的内容 item2 修改为 item3，根据虚拟 DOM 局部刷新的原理，当数据发生改变时，必然引起 DOM 树结构的改变。此时系统会构建一个新的虚拟 DOM 树，并将其与之前的虚拟 DOM 树进行对比，然后将变化的部分通知给真实的 DOM 树，进而刷新界面。

在 React 开发中，直接操作 DOM 通常是很慢的，而 JavaScript 对象操作却很快。之所以比较快，是因为使用 JavaScript 对象可以很容易地表示 DOM 节点。DOM 节点通常由标签、属性和子节点组成。例如，上面示例的结构使用 JavaScript 描述如下。

```
var elem = Element({
    tagName: 'ul',
    props: {'class': 'list'},
    children: [
```

```
        Element({tagName: 'li', children: ['item1']}),
        Element({tagName: 'li', children: ['item2']})]
});
```

在上面的 JavaScript 对象结构中，Element 表示一个构造函数，该函数返回一个 Element 对象。根据 JavaScript 构建的虚拟 DOM 树不难定义 Element 构造函数。

```
function Element({tagName, props, children}){
    if(!(this instanceof Element)){
        return new Element({tagName, props, children})
    }
    this.tagName = tagName;
    this.props = props || {};
    this.children = children || [];
}
```

通过 Element 对象很容易构建出虚拟 DOM 树，那么接下来就是如何将虚拟 DOM 树转换为真实的 DOM 节点。既然是一个树结构，那么通过遍历虚拟 DOM 的节点即可创建真实 DOM 节点。虚拟 DOM 树转换为真实 DOM 采用的是深度优先遍历（DFS）技术。

```
Element.prototype.render = function(){
    var el = document.createElement(this.tagName),
        props = this.props,
        propName,
        propValue;
    for(propName in props){
        propValue = props[propName];
        el.setAttribute(propName, propValue);
    }
    this.children.forEach(function(child){
        var childEl = null;
        if(child instanceof Element){
            childEl = child.render();
        }else{
            childEl = document.createTextNode(child);
        }
        el.appendChild(childEl);
    });
    return el;
};
```

此时，虚拟 DOM 到真实 DOM 的转换就完成了，最终真实 DOM 会将结果展示到相应的页面上。

7.1.3　虚拟 DOM 与生命周期

在 React 中，组件的每个生命周期阶段都和虚拟 DOM 息息相关，因此可以根据生命周期函数来执行不同的 DOM 操作。组件生命周期和虚拟 DOM 操作的对应关系如表 7-2 所示。

表 7-2　虚拟 DOM 与组件生命周期关系表

组件生命周期名称	对应虚拟 DOM 操作
constructor	组件被创建时执行，不执行 DOM 操作
componentDidMount	组件被添加到 DOM 树后执行
componentWillUnmount	组件从 DOM 树中移除后执行
componentDidUpdate	组件需要更新时执行

为了演示生命周期和虚拟 DOM 之间的关系，下面通过一个简单的例子来说明，虚拟 DOM 树的变化是如何影响组件生命周期函数的执行顺序的。

如图 7-3 所示，要将左边的 DOM 树变为右边的 DOM 树，DOM 树中组件的生命周期的执行顺序如下。

```
C will unmount.
C is created.
B is updated.
A is updated.
C did mount.
D is updated.
R is updated.
```

可以看到，C 节点完全重建后再添加到 D 节点之下，而不是直接移动到 D 节点之下。通过上面的示例，间接说明了组件生命周期与虚拟 DOM 的关系。

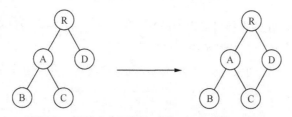

图 7-3　组件生命周期和虚拟 DOM 转换示意图

7.2　状态管理

众所周知，React 把组件视为一个简单的状态机，通过与用户的交互实现不同的状态渲染视图，最终驱动界面与数据保持一致。对于小型应用来说，使用系统提供的状态管理机制即可轻松完成组件的状态管理；但是对于复杂的中大型应用，特别是涉及跨模块通信时，借助一些流行的状态管理库来管理应用内组件的状态就显得很有必要。

7.2.1　Flux

Flux 是 Facebook 技术团队开发的用于构建客户端 Web 应用程序的系统架构。它利用单向数据流，为 React 的可复用视图组件提供了补充。准确地说，Flux 更像是一种模式，而不是一个框架。

一个使用 Flux 构建的应用主要由 3 大部分构成：Dispatcher、Store 和 View。如果细分也可以分为 4 部分，即 Action、Dispatcher、Store 和 View，各部分相互独立、互不干扰。

- Action：视图层发出的消息或动作，比如 mouseClick。
- Dispatcher：应用派发器，接收 Action、执行回调函数。
- Store：应用数据层，用来存放应用的状态，一旦发生变动就提醒视图层执行页面更新。
- View：视图层。

作为一个致力于解决前端应用状态管理的框架，单向数据流是 Flux 框架的核心，如图 7-4 所示，是 Flux 状态管理框架的运作流程示意图。

图 7-4　Flux 运作流程示意图

在 Flux 框架中，与用户直接打交道的是 View（视图）层，用户通过视图发出具体的 Action（动作），Dispatcher（派发）在收到动作事件后，会请求 Store（存储）执行存储和更新操作，当存储完成更新后会发出一个 change 事件触发视图的刷新，整个运作流程如图 7-5 所示。

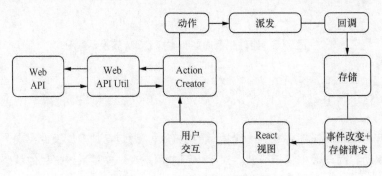

图 7-5　Flux 完整运作流程示意图

由于 Flux 的数据流是单向的，所以不存在 MVC 模式的双向绑定操作。同时，应用的不同部分保持解耦，只在存储时才会发生依赖，因此各部分能够保持严格的层次关系。

前面说过，作为一个 Web 应用状态管理框架，Flux 应用主要由 Action、Dispatcher、Store 和 View4 个部分组成。

其中，View 作为 React 的视图组件，包含了所有组件的状态，并可以通过 props 将状态传递给子组件。

```
class App extends React.Component {

    componentDidMount() {
        Store.on('change', this.onStoreChange);
    }

    onStoreChange() {
        this.setState({
            data: Store.getData(),
        });
    }
    render() {
    //通过 props 将状态传递给子组件
        return <Child
            data={this.state.data} />;
    }
}
```

Action 用于处理视图层发出的消息或动作，每个 Action 都是一个单纯的对象，它由 actionType 和属性构成。另外，Action 还包含一个 Action Creator 和一些辅助函数。

除了用于创建动作外，Action 还会把动作传给 Dispatcher，并调用 Dispatcher 的 dispatch() 方法把动作派发给 Store。

```
var AppDispatcher = require('../dispatcher/AppDispatcher');

var ButtonActions = {
  addNewItem: function (text) {
    AppDispatcher.dispatch({
      actionType: 'ADD_NEW_ITEM',
      text: text
    });
  },
};
```

在上面的代码中，ButtonActions.addNewItem()方法使用 AppDispatcher 把动作 ADD_NEW_ITEM 派发给 Store。

在 Flux 框架中，最核心的就是 Dispatcher。Dispatcher 的作用就是将动作派发给 Store。每个 Store 都需要在 Dispatcher 中注册它自己，并提供一个回调函数，当有具体的动作发生时，

Dispatcher 就会调用回调函数通知 Store 执行存储和更新。

需要注意的是，一个应用中只能有一个 Dispatcher 且是全局的。下面是使用 Facebook 技术团队官方提供的创建 Dispatcher 实例的代码。

```
var Dispatcher = require('flux').Dispatcher;
module.exports = new Dispatcher();
```

当然，如果要将 Action 派发给 Store，还需要在 Dispatcher 中使用 register()方法来登记各种 Action 回调函数，如下所示。

```
var ListStore = require('../stores/ListStore');

AppDispatcher.register(function (action) {
  switch(action.actionType) {
    case 'ADD_NEW_ITEM':
      ListStore.addNewItemHandler(action.text);
      ListStore.emitChange();
      break;
    default:

  }
})
```

在上面的代码中，当 Dispatcher 收到 ADD_NEW_ITEM 动作时，就会执行对应的回调函数，并通知 ListStore 执行更新操作。

在 Flux 中，Store 负责保存整个应用的 state 状态，其作用类似于 MVC 架构中的 Model 模块。作为 Flux 框架的基础组成部分，Store 提供了一些基础的方法和属性来帮助开发者对状态进行操作。下面是一个自定义的 ListStore 类，主要用来保存和更新应用的状态数据。

```
var ListStore = {
  items: [],

  getAll: function() {                    //获取所有数据
    return this.items;
  },

  addNewItemHandler: function (text) {     //添加数据
    this.items.push(text);
  },

  emitChange: function () {                //触发 change 事件
    this.emit('change');
  }
};

module.exports = ListStore;                //导出，提供第三方调用
```

在上面的代码中，ListStore.items 可以用来保存状态数据，ListStore.gctAll()方法用来读取所有数据条目，ListStore.emitChange()方法则用来触发一个 change 事件。由于 Store 会在状态数据发生变动后主动向视图层发送 change 事件，因此它必须实现事件接口。

```javascript
var EventEmitter = require('events').EventEmitter;
var assign = require('object-assign');

var ListStore = assign({}, EventEmitter.prototype, {
  items: [],

  getAll: function () {
    return this.items;
  },

  addNewItemHandler: function (text) {
    this.items.push(text);
  },

  emitChange: function () {
    this.emit('change');
  },

  addChangeListener: function(callback) {
    this.on('change', callback);
  },

  removeChangeListener: function(callback) {
    this.removeListener('change', callback);
  }
});
```

在上面的代码中，ListStore 继承自 EventEmitter.prototype，因此它就可以使用 ListStore.on 和 ListStore.emit()方法来监听和触发相关事件。当 Store 监听到更新后就会使用 this.emitChange() 方法发出事件通知，表明应用的状态已经改变，视图层接收到通知后就执行相应的更新操作。

Store 负责保存整个应用的状态，其作用类似于 MVC 架构的 Model。为了方便操作 Store，官方提供了工具类——flux/utils。

```javascript
import {ReduceStore} from 'flux/utils';

class CounterStore extends ReduceStore<number> {
  getInitialState(): number {
    return 0;
  }
```

```
reduce(state: number, action: Object): number {
  switch (action.type) {
    case 'increment':
      return state + 1;
    case 'square':
      return state +2;
    default:
      return state;
  }
}
```

需要说明的是，使用 Flux 框架来管理应用的状态时，任何继承 ReduceStore 的 Store 都无须手动触发 change 事件，因为系统会在 reduce()方法中自动触发 change 事件，并自动更新 React 中组件的状态。

7.2.2　Redux

随着 Web 应用单页面的需求越来越复杂，应用状态的管理也变得越来越混乱，如何保持多个组件之间状态的一致性成为前端开发人员迫切需要解决的问题，而 Redux 正是为解决这一复杂问题而存在的。

作为一款针对 JavaScript 应用的可预测状态容器框架，由 Dan Abramov 在 2015 年创建的 Redux 在创建之初曾受到 Flux 架构以及函数式编程语言 Elm 的启发。后来，随着 Dan Abramov 加盟 Facebook，Redux 最终成为 Facebook 旗下的一个子项目。Redux 之所以被广泛接受，是因为 Redux 融合了各家技术于一身，不但简化了 Flux 的流程与开发方式，还引入了一些优秀的设计理念。

作为一个应用状态管理框架，Redux 和 Flux 有很多相似的地方。不同之处在于，Flux 可以有多个改变应用状态的 Store，并可以通过事件来触发状态的变化，组件可以通过订阅这些事件来和当前状态保持同步。另一方面，Redux 没有 Dispatcher（分发器）的概念，而在 Flux 框架中 Dispatcher 则被用来传递数据到注册的回调事件中。

和 Flux 框架管理应用状态的方式不同，Redux 使用一个单独的常量状态树来保存整个应用的状态，并且这个对象是不能直接被改变的。如果某些数据发生改变，那么就会创建出一个新的对象。由于 Redux 是在 Flux 的基础上扩展出的一种单向数据流实现，所以数据的流向、变化都能得到清晰的控制，并且能很好地划分业务逻辑和视图逻辑。

如图 7-6 所示，Redux 简化了 Flux 的状态管理流程，使得数据的流向和变化都得到精确的控制。

Redux 框架主要由 Action、Store 和 Reducer 组成。其中，Action 表示用户触发的事件，

Store 用于存放应用的状态，Reducer 则是表示获取应用当前状态和事件并产生新状态的过程。

在 Redux 框架中，Action 是一个普通的 JavaScript 对象，它的 type 属性是必需的，用来表示 Action 的名称。type 一般被定义为普通的字符串常量。

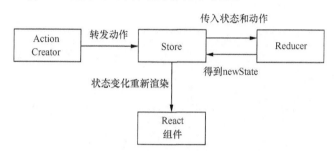

图 7-6　Redux 工作流程示意图

在 Redux 状态管理框架中，状态的变化通常会导致视图的变化，而状态的改变通常是通过接触视图来触发的，即根据视图产生的动作的不同，产生的状态结果也会不同。

```
const ADD_TODO = '添加事件 TODO';

function addTodo(text) {
  return {
    type: ADD_TODO,
    text
  }
}

const action = addTodo('Hello Redux');
```

在上面的代码中，addTodo 就是一个 Action Creator，用于创建一个 Action 事件。需要说明的是，当应用程序的规模变得越来越大时，建议使用单独的模块或文件来存放 Action 事件，以便进行统一的管理。

当 Store 接收到动作以后，必须返回一个新的状态才能触发视图的变化，状态计算的过程即被称为 Reducer。

Reducer 本质上是一个函数，它接收动作和当前状态作为参数，并返回一个新的状态。Reducer 的格式如下。

```
const reducer = function (state, action) {
  // ...
  return new_state;
};
```

需要说明的是，Reducer 并不能直接改变状态，必须返回一个全新的状态对象。同时，为了保持 Reducer 函数的纯净，请不要在 Reducer 中执行如下操作。

- 修改传入参数。

- 执行有副作用的操作，如 API 请求和路由跳转。
- 调用非纯函数，如 Date.now()或 Math.random()。

在使用 Redux 进行状态管理时，对于 Reducer 来说，整个应用的初始状态就可以直接作为应用状态的默认值。

```
const defaultState = 0;
const reducer = (state = defaultState, action) => {
  switch (action.type) {
    case 'ADD':
      return state + action.payload;
    default:
      return state;
  }
};
//手动调用 reducer
const state = reducer(1, {
  type: 'ADD',
  payload: 2
});
```

不过，在实际使用过程中，Reducer 函数并不需要像上面那样手动调用，因为 Store 的 store.dispatch()方法会自动触发 Reducer 的执行。因此，只需要在生成 store 的时候将 reducer 传入 createStore()方法即可。

```
import { createStore } from 'redux';
const store = createStore(reducer);
```

在上面的代码中，createStore 函数接收 reducer 作为参数，该函数返回一个新的 Store，并且每当 store.dispatch 发送过来一个新的 Action，Redux 就会自动调用 Reducer 从而得到新的状态。

和 Flux 框架中 Store 的作用一样，Redux 的 Store 主要用于保存应用程序的状态。可以把它看成一个容器，整个应用中只能有一个 Store，同时 Store 还具有将 Action 和 Reducer 联系在一起的作用。

在 Redux 框架中，创建 Store 是一件非常容易的事情，可以直接使用 Redux 提供的 createStore 函数来创建一个新的 Store。

```
import { createStore } from 'redux'
import todoApp from './reducers'
//使用 createStore 函数创建 Store
let store = createStore(todoApp)
```

其中，createStore 函数的第二个参数是可选的，该参数用于设置 state 的初始状态。而这个参数对于开发同构应用是非常有用的，它可以让服务器端的应用状态与客户端的状态保持一致。

```
let store = createStore(todoApp, window.STATE_FROM_SERVER)
```

通常，Store 对象包含了所有可能的数据，如果想要获取应用程序某个时刻的数据，可以使用 state 的 getState()方法进行获取。

```
import { createStore } from 'redux';
const store = createStore(fn);

//利用 store.getState()获取 state
const state = store.getState();
```

至此，再来看一下 Redux 的运作流程就非常清晰了。首先，由用户触发视图产生一个动作事件，视图发出动作事件需要调用 dispatch()方法。

```
store.dispatch(action);
```

然后，store 会自动调用 Reducer，并且向 Reducer 传入两个参数：state 和 action。同时，Reducer 会返回一个新的状态给 Store。

```
let nextState = todoApp(state, action);
```

状态一旦发生变化，Store 就会调用监听函数，并通过 Store 的 getState()方法获取当前状态，并最终触发视图的重新渲染。

```
store.subscribe(listener);

function listerner() {
  let newState = store.getState();
  component.setState(newState);
}
```

为了让应用的状态管理不再错综复杂，使用 Redux 时应遵循三大基本原则，否则将出现难以察觉的问题。

- 单一数据源：整个应用的状态被存储在一个状态树中，且只存在于唯一的 Store 中。
- state 是只读的：对于 Redux 来说，任何时候都不能直接修改状态，唯一改变状态的方法就是通过触发动作来间接修改。
- 应用状态的改变是通过纯函数来完成的：Redux 使用纯函数方式来执行状态的修改，Action 表明了修改状态值的意图，而真正执行状态修改的则是 Reducer。并且 Reducer 必须是一个纯函数，当 Reducer 接收到动作时，动作并不能直接修改状态的值，而是通过创建一个新的状态对象来返回修改的状态。

7.2.3　MobX

作为一个应用状态管理框架，Redux 被广泛用于复杂的大型应用中，在很多大型 Web 前端应用中都可以看到它的身影。但是实际使用过程中，Redux 的表现差强人意，可以说是不好用。在这种情况下，社区出现了一些新的状态管理方案，MobX 就是其中之一。

MobX 是由 Mendix、Coinbase 和 Facebook 开源的状态管理框架，它通过响应式函数编程来实现状态的存储和管理。受到面向对象编程和响应式编程的影响，MobX 将状态包装成可观察的对象，通过观察和修改对象的状态进而实现视图的更新，其工作流程如图 7-7 所示。

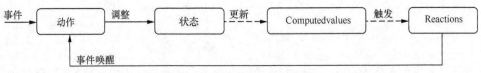

图 7-7 MobX 工作流程示意图

与 React 关注的是应用状态转换为可渲染组件树不同，MobX 更多的是关注应用的状态管理，因此，React 和 MobX 可以说是一对强有力的组合。

为了更好地理解 MobX 框架运作的原理和工作流程，需要重点理解几个与 MobX 相关的重要概念，即 State、Derivation 和 Action。

- State：状态，即驱动应用的数据，包括服务器端获取的数据以及本地组件状态的数据。
- Derivation：任何源自状态并且不会再有任何进一步的相互作用的东西就是衍生。衍生包括多种类型：用户界面、衍生数据和后端集成。MobX 支持两种类型的衍生，即 Computed values 和 Reactions。其中，计算属性是使用纯函数从当前可观察状态中衍生出的值，Reactions 则是根据状态改变触发的结果。
- Action 是一段可以改变状态的代码，可以是用户事件、后端推送数据和预定事件等。MobX 框架支持显式地定义动作，以便使代码的组织结构更加清晰。

作为一个状态管理工具，MobX 支持单向数据流，也就是说动作改变状态，而状态的改变会触发视图的改变。为了方便管理状态，MobX 提供了很多实用的标签，常见的有@observable、@observer、@action 和@inject。

其中，@observable 标签用于标识要监控的数据，@observer 标签用于标识数据变化时要更新的组件类，@action 标签用于标识数据改变时的方法，@inject 标签则用于在组件类中注入 Store 对象，以便组件从 state 中获取 Store 对象数据。

和其他的第三方库一样，由于 MobX 并不是系统内置的库，所以使用 MobX 框架之前需要先安装依赖。

```
npm install mobx -save
npm install mobx-react --save
```
安装完成后，就可以在 package.json 文件的 dependencies 节点看到对应的库依赖。

```
"dependencies": {
    "mobx": "^5.10.1",
    "mobx-react": "^6.1.1",
}
```

接下来，就可以使用 MobX 状态管理框架来管理应用状态了。事实上，MobX 框架的使用非常简单，使用时主要分为 3 个阶段：定义状态使其可观察，创建视图以响应状态的变化，以及更改状态并执行更新。

首先，定义一个数据结构来存储数据的状态，此数据结构可以是数字、字符串和对象等基本类型，然后使用 observable 标签标识以便让数据变得可观察。

```
import {observable} from 'mobx';

var appState = observable({
    timer: 0
});
```

然后，创建一个视图以便当 appState 中的数据发生改变时做出相应的反应，如下所示。

```
import {observer} from 'mobx-react';

@observer
class TimerView extends React.Component {
    render() {
        return (<button onClick={this.onReset.bind(this)}>
                Seconds passed: {this.props.appState.timer}
            </button>);
    }

    onReset () {
        this.props.appState.resetTimer();
    }
};

ReactDOM.render(<TimerView appState={appState} />, document.body);
```

在 MobX 框架中，被 observer 修饰的组件，会根据组件内被 observable 修饰的状态的变化而自动执行重绘。通常来说，任何函数都可以成为可以观察自身数据的变化以执行视图的重绘，而使用 MobX 框架也不例外。

接下来要做的就是更改状态，以便让 MobX 框架自动完成界面的更新，如下所示。

```
appState.resetTimer = action(function reset() {
    appState.timer = 0;
});

setInterval(action(function tick() {
    appState.timer += 1;
}), 1000);
```

在上面的代码中，timer 字段每隔一秒就会改变一次，改变的数据会随即体现在界面上。通常，使用 observable 标签即可检测数据的变化，只有在严格模式下才建议使用 action 标签进行包装。使用 action 标签的好处在于，它可以帮助开发者更好地组织应用，并表达出函数修改状态的意图。

下面是使用 MobX 框架来管理 React Native 应用状态数据的示例。当数据被更新后，界面会自动执行刷新操作，效果如图 7-8 所示。

图 7-8　Mobx 状态管理示例

使用 MobX 框架进行状态管理时，由于示例用到了 ES7 的装饰器模式，所以需要安装 decorators 插件库，安装命令如下。

```
npm install @babel/plugin-proposal-decorators --save-dev
```

安装完成之后，还需要在.babelrc 文件或者 package.json 文件中添加插件配置用以启动插件。

```
//.babelrc 文件配置
"plugins": [ ["@babel/plugin-proposal-decorators", { "legacy": true }]]
//package.json 文件的 babel 配置
babel: {
    "plugins": [ ["@babel/plugin-proposal-decorators", { "legacy": true }]]
  }
```

为了对数据的状态进行集中管理，首先创建一个名为 stroe.js 的文件，然后把需要观察的数据使用 observable 标签进行标识，并且把需要观察的操作方法使用 action 标签进行标识。

```
import { observable,action } from 'mobx'

class RootStore {
    constructor() {
        this.nameStore = new NameStore();
        this.ageStore = new AgeStore();
    }
}
```

```
class NameStore{
    @observable
    name = '张三';
    @action
    setName(newName){
        this.name=newName;
    }
}

class AgeStore{
    @observable
    age = '30';
    @action
    setAge(newAge){
        this.age=newAge;
    }
}
//实例化
export default new RootStore();
```

然后，在 React Native 项目的根布局上使用 mobx-react 的 Provider 组件全局注册，Provider 组件需要传入的 rootStore 属性就是注入 Store 对象。

```
import MobxPage from "./src/mobx/MobxPage"
import { Provider } from 'mobx-react'
import stores from './src/mobx/Stroe'

export default class App extends PureComponent {

    render() {
        return (
        <Provider rootStore={stores}>
            <MobxPage/>
        </Provider>
        );
    }
}
```

最后，在组件类中使用 inject()注解方法注入 Store 对象，并使用 observer 标签将组件标识为观察者。

```
import {observer, inject} from "mobx-react";

@inject('rootStore')
@observer
export default class MobxPage extends Component {
```

```
        nameStore = this.props.rootStore.nameStore;
        ageStore = this.props.rootStore.ageStore;

        onChange() {
            this.nameStore.setName("李四");
            this.ageStore.setAge("20");
        }

        render() {
            return (
                <View style={styles.container}>
                    <Text>{'姓名: ' + this.nameStore.name + '\n 年龄: ' + this.
ageStore.age}</Text>
                    <Text onPress={() => this.onChange()}>切换数据</Text>
                </View>
            );
        }
    }
```

最后，重新启动应用程序，当 Store 中保存的数据发生更新时，MobX 会自动刷新数据的值并更新到界面上。

7.2.4　MobX 与 Redux 的对比

Redux 和 MobX 都是时下比较火热的数据流管理框架，它们各有自己特定的适用场合，并且在某些场合下可以配合使用。

要比较两个框架的异同，并且选择适合自己的状态管理框架，可以从以下几个方面进行选择。

- 单个与多个 store：Redux 将所有的状态数据存放在一个全局 Store 中，这个 Store 对象就是 Redux 框架单一的数据源；而 MobX 通常有多个 Store，多个 Store 之间互不影响。同时，Redux 框架中数据通常是标准化的，而 MobX 则可以保存非标准化的数据。
- 普通数据与可观察数据：Redux 使用普通的 JavaScript 对象来存储数据；而 MobX 使用 observable 来存储数据，因此 MobX 可以自动观察数据并跟踪数据发生的变化，而 Redux 则需要进行手动更新。
- 可变与不可变：Redux 使用的是不可变状态，这意味着状态是只读的，开发者不能直接覆盖它们；MobX 的状态可以直接被覆盖，具体来说，只需要使用新的值更新状态即可。

同时，Redux 遵循函数式编程范例，而 MobX 则更适用于面向对象。开发者需要根据具体的业务合理地选择。

总体来说，MobX 适用于数据流不太复杂且易于管理的场景，而 Redux 适用于数据流极度复杂，需要通过中间件来减缓业务复杂度的场景。

7.3 第三方库

React Native 本身虽然提供了大量的原生基础组件，但是在实际开发中并不能满足全部的开发需求。为了进一步提升开发效率和代码质量，此时最高效的手段就是使用第三方开源库。

7.3.1 NativeBase

NativeBase 是由 GeekyAnts 公司开发的一款优秀的 React Native 组件库，它提供了丰富的第三方组件，大有一种要替代 React Native 原生组件的姿态。并且从 2.4.1 版本开始，NativeBase 已经支持前端 Web 开发。

使用 NativeBase 之前，需要使用以下命令安装 NativeBase 库。

```
npm install native-base --save
```

安装完成之后，在项目的 package.json 文件中会多一条 NativeBase 的依赖配置。

```
"native-base": "^2.12.1"
```

NativeBase 自身提供了很多实用的组件，可以用来帮助开发者快速地开发页面。由于 NativeBase 和 React Native 组件有很多是重名的，因此导入组件库时需要特别注意。

NativeBase 所有的组件都放在 Container 组件中，Container 组件的作用类似于 React Native 的 View 组件，Header 是导航栏组件，Content 是文本组件。

```
import React, {Component} from 'react';
import {Platform, StyleSheet, View} from 'react-native';
import {Container,Header,Title,Button,Content,Footer,Text} from 'native-base'

export default class App extends Component {

    render() {
        return (
            <Container theme={styles.container}>
                <Header>
                    <Title>NativeBase</Title>
                </Header>
                <Content style={styles.contentStyle}>
                    <Text style={styles.instructions}>{instructions}</Text>
                </Content>
            </Container>
        );
```

```
    }
}
```

运行上面的代码，最终的运行效果如图 7-9 所示。

图 7-9　NativeBase 实现 React Native 欢迎示例

同时，NativeBase 还提供了丰富的矢量图标，其作用类似于阿里巴巴的 iconfont。之所以支持矢量图标，是因为 NativeBase 默认集成了 react-native-vector-icons 矢量图库，使用 NativeBase 的资源文件时只需要声明图标名称即可，如 name='home'.

```
export default class App extends Component {
    render() {
        return (
            <Container>
                //省略…
                <Footer>
                    <FooterTab style={{alignItems: 'center'}}>
                        <Container style={styles.tabStyle} active={true}>
                            <Icon name='home'/>
                            <Text>首页</Text>
                        </Container>
                        //省略…
                    </FooterTab>
                </Footer>
            </Container>
```

```
        );
    }
}
```

在上面的代码中，使用 FooterTab 和 Icon 组件来实现 Tab（选项卡）切换的效果，如图 7-10 所示。

图 7-10　NativeBase 实现 Tab 切换示例

除了上面的组件，NativeBase 还提供了很多实用的组件，组件的使用方式和 React Native 原生组件类似。

7.3.2　react-native-elements

除了 NativeBase 外，react-native-elements 也是一个常见的 React Native 组件库。react-native- elements 库提供了数十种常用的组件，可方便开发者快速构建应用界面。

使用 react-native-elements 组件库之前，需要使用以下命令安装库的依赖。

```
npm install react-native-elements --save
```

安装完成后，在 package.json 文件中会看到相关的依赖配置。

```
"react-native-elements": "^1.1.0"
```

由于 react-native-elements 依赖矢量图形库，所以还需要安装 react-native-vector-icons 库，安装命令如下。

```
npm install react-native-vector-icons -save
react-native link react-native-vector-icons
```

接下来，就可以使用 react-native-elements 提供的 UI 组件进行界面开发，如下所示。

```
import React, {PureComponent} from 'react';
import {StyleSheet, View, Dimensions} from 'react-native';
import {Button, Input, Avatar} from 'react-native-elements';
import Icon from 'react-native-vector-icons/FontAwesome';

let {width} = Dimensions.get('window');

export default class ElementsPage extends PureComponent {

    render() {
        return (
            <View style={styles.container}>
                <Avatar
                    size="xlarge"
                    rounded
                    source={{uri: 'https://s3.amazonaws.com/128.jpg' }}/>
                <Input
                    inputContainerStyle={[styles.inputStyle,{marginTop:
10},]}
                    placeholder='请输入用户名'
                    leftIcon={<Icon name='user' size={24} color='black'/>}/>
                <Input
                    inputContainerStyle={styles.inputStyle}
                    placeholder='请输入密码'
                    leftIcon={<Icon name='compass' size={24} color='black
'/>}/>
                <Button
                    buttonStyle={styles.btnStyle}
                    title="登录"/>
            </View>
        );
    }
}
```

运行上面的代码，效果如图 7-11 所示。

除了上面介绍的组件，react-native-elements 还提供了超过 20 种 UI 组件，开发者可以根据需要合理选择。

图 7-11　使用 react-native-elements 开发登录界面

7.3.3　react-navigation

一个完整的移动应用往往是由多个页面组成的，如果要在页面与页面之间执行跳转就需要借助路由或导航器。在 0.44 版本之前，开发者可以直接使用官方提供的 Navigator 组件来实现页面跳转。不过从 0.44 版本开始，Navigator 组件被官方从核心组件库中剥离出来，放到了 react-native-deprecated-custom-components 模块中。

如果开发者需要继续使用 Navigator 组件，可以使用 yarn add react-native-deprecated-custom-components 命令安装 Navigator 组件。不过，官方并不建议开发者这么做，而是建议直接使用导航库 react-navigation。react-navigation 是 React Native 社区非常著名的页面导航库，可以用来实现各种页面跳转操作。

目前，react-navigation 支持 3 种类型的导航器，分别是 StackNavigator、TabNavigator 和 DrawerNavigator。

- StackNavigator：包含导航栏的页面导航组件，作用类似于官方的 Navigator 组件。
- TabNavigator：底部展示 tabBar 的页面导航组件。
- DrawerNavigator：用于实现侧边栏抽屉页面的导航组件。

需要说明的是，由于 react-navigation 在 3.x 版本进行了较大的升级，所以在使用方式上与 2.x 版本会有很多的不同。

和使用其他第三方插件库一样，使用之前需要先在项目中添加 react-navigation 依赖。

```
yarn add react-navigation
//或者
npm install react-navigation --save
```

安装完成之后，可以在 package.json 文件的 dependencies 节点看到 react-navigation 的依赖信息。

```
"react-navigation": "^3.10.1"
```

由于 react-navigation 依赖于 react-native-gesture-handler 库，所以还需要安装 react-native-gesture-handler，安装命令如下。

```
yarn add react-native-gesture-handler
//或者
npm install --save react-native-gesture-handle
```

同时，由于 react-native-gesture-handler 需要依赖原生环境，所以需要使用 link 命令链接原生依赖。

```
react-native link react-native-gesture-handler
```

为了保证 react-native-gesture-handler 能够成功地运行在 Android 系统上，需要在 Android 工程的 MainActivity.java 中添加如下代码。

```
public class MainActivity extends ReactActivity {
    ...
    @Override
    protected ReactActivityDelegate createReactActivityDelegate() {
        return new ReactActivityDelegate(this, getMainComponentName()) {
            @Override
            protected ReactRootView createRootView() {
                return new RNGestureHandlerEnabledRootView(MainActivity.this);
            }
        };
    }
}
```

然后，就可以使用 react-navigation 开发页面导航功能了。图 7-12 所示是使用 react-navigation 提供的 createStackNavigator 开发页面导航的示例。

在 createStackNavigator 导航模式下，为了方便对页面进行统一的管理，建议新建一个路由的统一管理文件。

首先，新建一个 RouterConfig.js 文件，然后使用 createStackNavigator 提供的 createStackNavigator()方法即可注册页面。createStackNavigator 存放的就是应用的页面，默认使用 JSON 格式。如果不做任何说明，createStackNavigator 里面出现的第一个页面就是应用的首页，当然也可以使用 initialRouteName 参数声明。同时，导航器栈还需要使用 createAppContainer

函数包裹才能作为 React 组件被正常调用，如图 7-12 所示。

图 7-12　createStackNavigator 导航器示例

```
import {createAppContainer,createStackNavigator} from 'react-navigation';

import MainPage from './MainPage'
import DetailPage from "./DetailPage";

const AppNavigator = createStackNavigator({
    MainPage: MainPage,
    DetailPage:DetailPage
    },{
        initialRouteName: "MainPage",
    },
);
export default createAppContainer(AppNavigator);
```

其中，createStackNavigator 主要用于管理栈中的页面，它支持如下配置选项。

- path：路由中设置路径映射的配置。

- initialRouteName：设置栈管理方式的默认页面，且此默认页面必须是路由配置中的某一个。

- initialRouteParams：初始路由参数。

- defaultNavigationOptions：用于配置导航栏的默认导航选项。

- mode：定义渲染和页面跳转的样式，选项有 card 和 modal，默认为 card。

- headerMode：定义返回上级页面时的动画效果，选项有 float、screen 和 none。

同时，对于应用的通用导航属性，可以使用 defaultNavigationOptions 属性进行统一的配置。

```
defaultNavigationOptions: {
    headerBackTitle: null,        //不显示返回文字
    …
}
```

最后，在入口文件 index.js 中以组件的方式引入 StackNavigatorPage.js 文件即可，如下所示。

```
import StackNavigatorPage from './src/StackNavigatorPage'

export default class App extends Component<Props> {
  render() {
    return (
      <StackNavigatorPage/>
    );
  }
}
```

使用 react-navigation 库的 createStackNavigator 实现页面的栈管理或跳转功能，至少还需要新建两个子页面，例如 MainPage.js 和 DetailPage.js。

```
export default class MainPage extends PureComponent {

    static navigationOptions = {
        header: null,            //默认页面去掉导航栏
    };

    render() {
        const {navigate} = this.props.navigation;
        return (
            <View>
                <TouchableOpacity onPress={() => {
                    navigate('DetailPage')}}>
                    <Text style={styles.textStyle}>跳转详情页</Text>
                </TouchableOpacity>
            </View>
        );
    }
}

export default class DetailPage extends PureComponent {

    static navigationOptions = {
        title: '详情页',
    };
```

```
render() {
    let url = 'http://www.baidu.com';
    return (
        <View>
            <WebView
                style={{width:'100%',height:'100%'}}
                source={{uri: url}}/>
        </View>
    );
}
```

除了上面示例中使用的 navigationOptions 属性，StackNavigator 导航器还支持如下 navigation Options 属性。

- header：设置导航属性，如果设置为 null，则隐藏顶部导航栏。

- headerTitle：设置导航栏标题。

- headerBackImage：设置后退按钮的自定义图片。

- headerBackTitle：设置跳转页面左侧返回箭头后面的文字，默认是上一个页面的标题。

- headerTruncatedBackTitle：将上个页面返回箭头后面的文字设置成"返回"。

- headerRight：设置导航栏右侧展示的 React 组件。

- headerLeft：设置标题栏左侧展示的 React 组件。

- headerStyle：设置导航条的样式，如背景色、宽和高。

- headerTitleStyle：设置导航栏的文字样式。

- headerBackTitleStyle：设置导航栏上"返回"文字的样式。

- headerLeftContainerStyle：自定义导航栏左侧组件容器的样式，例如增加 padding 值。

- headerRightContainerStyle：自定义导航栏右侧组件容器的样式，例如增加 padding 值。

- headerTitleContainerStyle：自定义导航栏标题组件容器的样式，例如增加 padding 值。

- headerTintColor：设置导航栏的颜色。

- headerPressColorAndroid：设置导航栏被按下时的颜色纹理，Android 版本需要高于 5.0。

- headerTransparent：设置标题背景是否透明。

- gesturesEnabled：设置是否可以使用手势关闭当前页面。iOS 默认开启，Android 默认关闭。

当然，除了支持路由管理和页面跳转操作外，react-navigation 库还可以用来实现页面顶部或底部选项卡的切换，如图 7-13 所示。

使用 react-navigation 提供的 createBottomTabNavigator()方法，开发者可以快速地实现底部选项卡切换。与 createStackNavigator 创建栈管理的方式类似，使用 createBottom TabNavigator 方式创建的导航器需要使用 createAppContainer 函数包裹后才能作为 React 组件被正常调用。

图 7-13 TabNavigator 导航器示例

```
import React, {PureComponent} from 'react';
import {StyleSheet, Image} from 'react-native';
import {createAppContainer, createBottomTabNavigator} from 'react-navigation'

import Home from './tab/HomePage'
import Mine from './tab/MinePage'

const BottomTabNavigator = createBottomTabNavigator({
    Home: {
        screen: Home,
        navigationOptions: () => ({
            tabBarLabel: '首页',
            tabBarIcon:({focused})=>{
                if(focused){
                    return(
                        <Image/>    //选中的图片
                    )
                }else{
                    return(
                        <Image/>    //默认图片
                    )
                }
            }
        }),
```

```
            },
        Mine: {
            screen: Mine,
            navigationOptions: () => ({
                tabBarLabel: '我的',
                tabBarIcon:({focused})=>{
                    …
                }
            })
        }
    }, { //默认参数设置
        initialRouteName: 'Home',
        tabBarPosition: 'bottom',
        showIcon: true,
        showLabel: true,
        pressOpacity: 0.8,
        tabBarOptions: {
            activeTintColor: 'green',
            style: {
                backgroundColor: '#fff',
            },
        }
    }
);

const AppContainer = createAppContainer(BottomTabNavigator);

export default class TabBottomNavigatorPage extends PureComponent {

    render() {
        return (
            <AppContainer/>
        );
    }
}
```

除了支持创建底部选项卡之外，react-navigation 还支持创建顶部选项卡，使用时只需要将 createBottomTabNavigator 更换为 createMaterialTopTabNavigator 即可。

在移动应用开发中，经常会遇到抽屉式菜单切换的需求，如果要实现抽屉导航，可以使用 react-navigation 提供的 createDrawerNavigator。

7.3.4　react-native-snap-carousel

react-native-snap-carousel 是一个被广泛使用的轮播组件库，可以实现各种复杂的轮播滚动及拖拽效果。图 7-14 所示是官方给出的示例运行效果。

图 7-14 react-native-snap-carousel 官方示例

使用 react-native-snap-carousel 之前，需要先安装库的依赖，命令如下。

```
npm install react-native-snap-carousel --save
```

安装完成之后，可以在 package.json 文件的 dependencies 节点看到 react-native-snap-carousel 的依赖信息。

```
"react-native-snap-carousel": "^3.7.5",
```

在 react-native-snap-carousel 库中，官方提供了 3 个组件，分别是 Carousel、Pagination 和 ParallaxImage。其中，Carousel 是一个轮播容器组件，Pagination 是一个指示器组件，ParallaxImage 是一个专门针对图片的轮播组件。Carousel 支持以下常用属性。

- data：循环的数据源。
- renderItem：绘制轮播数据的单个视图。
- itemWidth：子元素的宽度。
- itemHeight：子元素的高度。
- sliderWidth：循环容器的宽度。
- sliderHeight：循环容器的高度。

除了上面几个必需的属性之外，Carousel 还支持以下属性。

- activeSlideOffset：设置滑块最小的滚动距离。
- apparitionDelay：设置视图的渲染延迟时间，默认为 0。

- enableSnap：启用后释放触摸，自动滚动到屏幕中心位置。
- firstItem：设置默认的展示视图。
- loop：是否启用无限循环模式。
- loopClonesPerSide：设置滚动预加载的子视图个数。
- autoplay：是否启动自动播放，如果启动自动播放，建议开发者将 enableMomentum 属性设置为 false，并将 lockscrollwhile 属性设置为 true。
- autoplayDelay：设置自动播放前或释放触摸后的延迟时间。
- autoplayInterval：自动播放的时间间隔。

除此之外，Carousel 还支持以下常见的自定义样式。

- activeAnimationOptions：自定义动画选项。
- activeAnimationType：自定义动画类型，如 decay、spring 和 timing。
- activeSlideAlignment：确定当前活动视图相对于循环视图的对齐方式，可能的取值有 start、center 和 end。
- containerCustomStyle：循环容器的自定义样式。
- contentContainerCustomStyle：设置指示文字的自定义样式。
- inactiveSlideOpacity：设置非活动视图的不透明值。
- slideStyle：滑动视图的样式。

当然，除了上面介绍的属性外，react-native-snap-carousel 支持的属性还有很多，开发者可以根据需要合理选择。下面是使用 ParallaxImage 和 Carousel 实现水平循环滚动广告栏的示例，代码如下。

```
import React, {Component} from 'react';
import {View} from 'react-native';
import Carousel from 'react-native-snap-carousel';
import {sliderWidth, itemWidth} from './style/SliderEntry.style';
import SliderEntry from './component/SliderEntry';
import styles from './style/index.style';
import {ENTRIES1} from './data/entries';

const SLIDER_DEFAULT_ITEM = 1;          //默认选中

export default class CarouselPaginationPage extends Component {

    constructor(props) {
        super(props);
        this.state = {
            slider1ActiveSlide: SLIDER_DEFAULT_ITEM
        };
    }
```

```
//渲染自定义子视图
_renderItemWithParallax({item, index}, parallaxProps) {
    return (
        <SliderEntry
            data={item}
            even={(index + 1) % 2 === 0}
            parallax={true}
            parallaxProps={parallaxProps}/>
    );
}

mainExample() {
    return (
        <View style={styles.exampleContainer}>
            <Carousel
                data={ENTRIES1}
                renderItem={this._renderItemWithParallax}
                sliderWidth={sliderWidth}
                itemWidth={itemWidth}
                firstItem={SLIDER_DEFAULT_ITEM}
                inactiveSlideScale={0.94}
                inactiveSlideOpacity={0.7}
                containerCustomStyle={styles.slider}
                contentContainerCustomStyle={styles.sliderContent
Container}
                loop={true}
                loopClonesPerSide={2}
                autoplay={true}
                autoplayDelay={500}
                autoplayInterval={3000}/>
        </View>
    );
}

render() {
    return (
        <View style={styles.container}>
            {this.mainExample()}
        </View>
    );
}
}
```

运行上面的示例代码，效果如图 7-15 所示。

图 7-15 react-native-snap-carousel 水平滚动示例

除了支持水平方向的滚动之外，还支持垂直方向上的滚动，如图 7-16 所示，是使用 react-native-snap-carousel 实现的常见广告垂直滚动的示例。

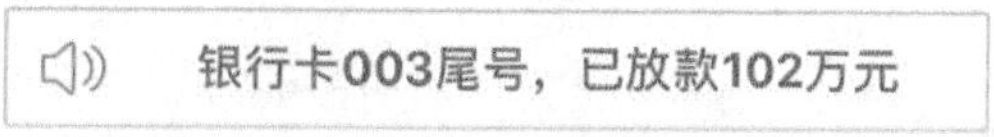

图 7-16 react-native-snap-carousel 垂直滚动示例

要实现视图在垂直方向上的循环滚动，只需要将 Carousel 容器组件的 vertical 属性设置为 true 即可，如下所示。

```
import React, {Component} from 'react';
import {View, Image, Text, StyleSheet, Dimensions} from 'react-native';
import Carousel from 'react-native-snap-carousel';
import {NOTICES} from './data/entries';

let {width} = Dimensions.get('window');

export default class CarouselVerticalPage extends Component {

    constructor(props) {
        super(props);
        this.state = {
            entries: NOTICES
```

```
        };
    }

    _renderItem({item, index}) {
        return (
            <View style={styles.carView} numberOfLines={1}>
                <Text style={styles.textStyle}>{`银行卡${item.bankeNo}尾
号，已放款${item.mony}元`}</Text>
            </View>
        );
    }

    render() {
        return (
            <View style={styles.container}>
                <Image style={styles.imageStyle}
                    source={require('./images/notice.png')}/>
                <Carousel
                    data={this.state.entries}
                    renderItem={this._renderItem}
                    sliderWidth={width - 30}
                    sliderHeight={44}
                    itemHeight={44}
                    itemWidth={width - 30}
                    vertical={true}
                    activeSlideOffset={0}
                    autoplay={true}
                    loop={true}
                    autoplayDelay={500}
                    autoplayInterval={3000}/>
            </View>
        );
    }
}
```

7.3.5 react-native-image-picker

在移动应用开发中，拍照和图片选取是一个比较常见的功能，虽然官方为开发者提供了
CameraRoll 相关的 API，但是 CameraRoll 目前只支持 iOS，并且它的使用和扩展并不是很友
好，所以很多开发者更愿意选择使用第三方开源库，如 react-native-image-picker。

react-native-image-picker 是 React Native 应用开发中一个被广泛使用的拍照和相册管

理开源库，可以轻松实现拍照和图片选取功能。使用 react-native-image-picker 之前，需要在项目中安装库的依赖，命令如下。

```
npm install react-native-image-picker --save
```
安装完成之后，可以使用 link 命令来链接原生库。

```
react-native link react-native-image-picker
```
有时候直接使用 link 命令并不是最好的选择，此时可以使用手动方式配置原生运行环境。

对于 Android 平台来说，使用 Android Studio 打开 Android 工程，并在工程的 settings.gradle 文件中添加如下代码。

```
include ':react-native-image-picker'
project(':react-native-image-picker').projectDir = new File(settingsDir,
'../node_modules/react-native-image-picker/android')
```
然后在 android/app/build.gradle 配置文件的 dependencies 节点添加如下代码。

```
implementation project(':react-native-image-picker')
```
如果没有添加拍照和读写权限，还需要在 AndroidManifest.xml 配置文件中添加如下权限。

```
<uses-permission android:name="android.permission.CAMERA" />
<uses-permission android:name="android.permission.WRITE_EXTERNAL_STORAGE"/>
```
由于 react-native-image-picker 是以插件方式集成到 Android 原生工程的，所以还需要在 MainApplication.Java 文件中进行注册，只有完成注册操作，react-native-image-picker 才能被 React Native 识别。

```
@Override
protected List<ReactPackage> getPackages() {
    return Arrays.<ReactPackage>asList(
        …
        new ImagePickerPackage()
    );
}
```
对于 iOS 平台，可以使用 Xcode 打开 iOS 工程，然后在工程的根目录右键选择【Add Files to】，并依次选择【node_modules】→【react-native-image-picker】→【ios】→【RNImagePicker.xcodeproj】，将 RNImagePicker 库添加到 iOS 原生工程中，如图 7-17 所示。

添加成功后使用 link 命令链接原生库依赖，并依次选择【Build Phases】→【Link Binary With Libraries】添加 libRNImagePicker.a 静态库。

图 7-17 添加 RNImagePicker.xcodeproj

对于 iOS 10 及以上版本，还需要在 info.plist 配置文件中添加如下私有权限：NSPhotoLibraryUsageDescription 和 NSCameraUsageDescription，如图 7-18 所示。

到此，react-native-image-picker 需要的原生运行环境就配置完成了。接下来，只需要按照官方的示例来开发拍照和选图功能即可。react-native-image-picker 库对外提供了 3 个 API，分别是 showImagePicker、launchImageLibrary 和 launchCamera。其中，launchImageLibrary 用于打开图库，launchCamera 用于打开拍照，showImagePicker 则可以打开拍照和图库，并且需要用户自己选择。

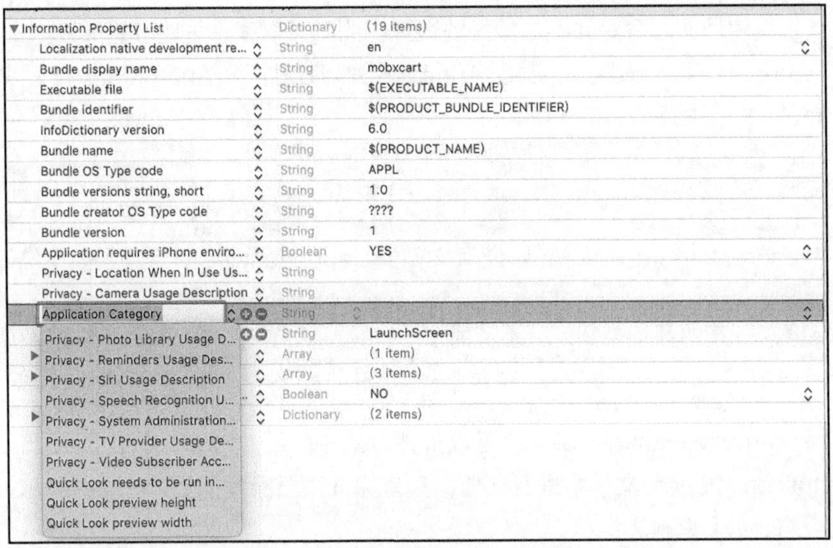

图 7-18　iOS 应用添加私有权限

使用 showImagePicker()方法开发拍照或选图功能时，需要配置弹出框的相关属性。

```
const photoOptions = {
    title:'请选择',
    quality: 0.8,
    cancelButtonTitle:'取消',
    takePhotoButtonTitle:'拍照',
    chooseFromLibraryButtonTitle:'选择相册',
    noData: false,
    storageOptions: {
        skipBackup: true,
        path: 'images'
    }
};
```

除了上面的属性外，react-native-image-picker 还支持如下属性。

- title：弹框标题。
- cancelButtonTitle：取消按钮文本。
- takePhotoButtonTitle：拍照按钮文本。
- chooseFromLibraryButtonTitle：图库选择照片标题。

- customButtons：自定义按钮。
- cameraType：摄像头类型，选项有 front 和 back。
- mediaType：多媒体类型，支持的选项有 photo、video 和 mixed。
- maxWidth：所选图片的宽度。
- maxHeight：所选图片的高度。
- quality：所选图片的质量。
- videoQuality：所选视频质量，选项有 low、medium 和 high。
- durationLimit：录制视频的最大长度。
- allowsEditing：是否允许再次编辑。
- noData：如果此属性为 true，则禁用 data 生成的 base64 字段。
- storageOptions：如果配置此属性，则图像将被保存在 DocumentsiOS 应用程序目录或者 PicturesAndroid 的应用程序目录中。
- storageOptions.cameraRoll：如果为 true，则裁剪的照片将保存到 iOS 相机胶卷或者 Android 的 DCIM 文件夹。

配置必要的弹出框属性后，将属性作为参数传递给 showImagePicker()方法即可完成拍照或选图功能的开发。由于调用拍照和选图是异步过程，当调用 showImagePicker()方法完成拍照或选图后，系统就会返回相应的结果，然后根据返回的结果进行操作即可。下面的示例演示了调用 react-native-image-picker 完成拍照或选图功能。

```
import ImagePicker from 'react-native-image-picker'

export default class ImagePickerTestPage extends PureComponent {

    state = {
        avatarSource: null,
        videoSource: null
    };

    //拍照、选择图片
    selectPhotoTapped() {
        const options = {
            title: '选择图片',
            cancelButtonTitle: '取消',
            takePhotoButtonTitle: '拍照',
            chooseFromLibraryButtonTitle: '选择照片',
            videoQuality: 'high',
            quality: 0.8,
            allowsEditing: false,
            storageOptions: {
```

```
                    skipBackup: true
                }
        };

        ImagePicker.showImagePicker(options, (response) => {
                if (response.didCancel) {
                    console.log('User cancelled photo picker');
                } else if (response.error) {
                    console.log('ImagePicker Error: ', response.error);
                } else if (response.customButton) {
                    console.log('User custom button: ', response.
customButton);
                } else {
                    let source = {uri: response.uri};
                    this.setState({
                        avatarSource: source
                    });
                }
            }
        );
    }

    render() {
        return (
            <View style={styles.container}>
                <TouchableOpacity onPress={this.selectPhotoTapped.bind
(this)}>
                    <View>{this.state.avatarSource === null ?
                        <Text style={styles.txt}>选择照片</Text> :
                            <Image source={this.state.avatarSource}/>}
                    </View>
                </TouchableOpacity>
            </View>
        );
    }
}
```

  运行上面的代码，效果如图 7-19 所示。需要说明的是，由于 react-native-image-picker 库不支持在模拟器上运行拍照和图库管理功能，所以需要在真机上运行。

  使用 react-native-image-picker 库完成拍照或图库时，系统返回的是图片或视频的地址，如果要上传图片或视频，只需要根据返回的地址建立读写流即可。

  同时，由于 react-native-image-picker 库不支持裁剪和压缩等操作，如果需要对图片进行裁剪和压缩等操作，可以使用 react-native-image-crop-picker 开源库。

图 7-19 拍照与图库选择示例

7.3.6 react-native-video

最近几年，直播和短视频类应用发展势头很猛，各大移动应用平台也都开始在自己的移动产品中内置短视频。可以说，视频已成为移动应用，特别是电商类应用不可缺少的元素。

由于 React Native 官方并没有提供视频播放组件，所以要在移动应用中集成短视频功能，就需要开发者自定义组件或者使用第三方组件。由于播放器开发的复杂性，自定义播放器会遇到很多问题，因此建议大家直接使用第三方库，比如 react-native-video。

react-native-video 是 React Native 社区开源的一款视频播放组件库，可以实现各种视频播放效果，如播放/暂停、横竖屏切换、缓存播放以及缓存进度等，效果如图 7-20 所示。

在使用 react-native-video 进行项目开发之前，需要先在项目中添加库的依赖，安装命令如下。

```
npm install --save react-native-video
或者
yarn add react-native-video
```

安装完成之后，还需要使用 react-native link 命令链接原生库依赖，以便让原生工程添加对 react-native-video 的依赖。

图 7-20 视频播放器应用示例

如果只是播放视频，不需要对视频进行其他操作，那么只需要传入 source 属性即可。

```
import Video from 'react-native-video';

<Video source={{uri: ''}} />
```

除了 source 属性之外，react-native-video 库还支持以下常用属性。

- allowsExternalPlayback：是否允许切换到 AirPlay 或 HDMI 等外部播放模式。
- audioOnly：控制播放器是否仅播放音轨。
- ignoreSilentSwitch：仅适用于 iOS 平台，控制 iOS 静默开关行为，支持 inherit、ignore 和 obey 值。
- muted：控制音频是否静音。
- paused：控制播放器是否暂停。
- playInBackground：控制是否后台播放媒体。
- playWhenInactive：是否在通知中心继续播放媒体。
- poster：加载视频时要显示带有海报字符串。
- posterResizeMode：当帧与原始视频尺寸不匹配时，控制如何调整海报图像大小，支持的值有 none、contain、center、cover、repeat 和 stretch。
- progressUpdateInterval：更新进度条的毫秒延迟。
- rate：视频播放的速率，默认值为 1.0。
- repeat：是否在视频播放完成后重复播放视频。

- resizeMode：当帧与原始视频尺寸不匹配时，控制如何调整视频大小，支持的值有 none、contain、cover 和 stretch。
- stereoPan：调整左右音频通道的平衡，接收-1.0 和 1.0 之间的任何值。
- volume：调整音量大小，接收 0.0 到 1.0 之间的任何值。

除了一些常用的属性外，react-native-video 还支持以下常用回调方法。

- onLoadStart：视频开始加载时调用的回调函数。
- onBuffer：视频缓冲时调用的回调函数。
- onload：加载视频并准备播放时调用的回调函数。
- onProgress：视频播放过程中更新进度时调用的回调函数。
- onTimedMetadata：当定时元数据可用时调用的回调函数。
- onEnd：视频播放完成时调用的回调函数。
- onError：视频加载和播放过程中出现任何错误时调用的回调函数。

由于视频播放在移动应用开发中是一个通用的功能，并且大多数情况下样式也都是统一的，所以有必要对 react-native-video 进行二次封装，以便更加满足应用的开发需求，如下所示。

```
import Video from 'react-native-video';

export default class VideoPlayPage extends Component {

    constructor(props) {
        super(props);
        let {url} = this.props;          //接收的属性
        this.state = {
            videoUrl: url,
            showVideoCover: true,        //是否显示视频封面
            showVideoControl: false,     //是否显示视频控制组件
            isPlaying: false,            //视频是否正在播放
            currentTime: 0,              //视频当前播放的时间
            duration: 0,                 //视频的总时长
            playFromBeginning: false,    //是否从头开始播放
        };
    }

    renderVideo() {
        return (<Video
            ref={(ref) => this.videoPlayer = ref}
            source={{uri: url}}
            rate={1.0}
            volume={1.0}
            repeat={true}
            playInBackground={false}
```

```
                    playWhenInactive={false}
                    paused={!this.state.isPlaying}
                    resizeMode={'contain'}
                    progressUpdateInterval={100.0}
                    onLoad={this.onLoaded}
                    onProgress={this.onProgressChanged}
                    onEnd={this.onPlayEnd}
                    style={styles.videoStyle}/>)
    }

    onLoaded = (data) => {                    //视频加载完成
            this.setState({
                duration: data.duration,
            });
        };

    onProgressChanged = (data) => {           //更新视频进度
            if (this.state.isPlaying) {
                this.setState({
                    currentTime: data.currentTime,
                })
            }
        };

    onPlayEnd = () => {                       //视频播放结束
            this.setState({
                currentTime: 0,
                isPlaying: false,
                playFromBeginning: true
            });
        };

    render() {
            return (
                <View>
                    {this.renderVideo()}
                    … //省略其他代码
                </View>
            )
        }
}
```

到此，通用视频组件就封装完成了。使用时，只需要传入视频播放地址即可，如下所示。

```
let url = '';
<VideoPlayView url={url}/>
```

需要说明的是，由于 VideoPlayPage 在封装时只考虑了通用情况，如果需要对视频进行其他方面的操作，还需要结合实际情况解决。并且，如果要让视频实现横竖屏切换的功能，还需要引入 react-native-orientation 库。

7.4 自定义组件

众所周知，使用 React Native 进行跨平台应用开发时，官方提供的组件往往是有限的，并且很多组件并不是多平台通用的，有些只针对特别的平台。此时，要想在应用开发上保持页面样式的一致性，除了直接选择第三方开源库，另一个有效的手段就是自定义组件。

7.4.1 组件导入与导出

众所周知，构成 React Native 应用页面最基本的元素就是组件，组件可以被导入，也可以被导出。

```
//组件导出
export default class App extends Component{
    ...
}
//组件导入
import App from './ App '
```

除了组件外，变量和常量也支持导入和导出。

```
//变量和常量导出
var name = '张三'
const age = '28'
export {name, age}
//变量和常量导入
import {name, age} from './App'
```

变量、常量的导出需要依赖于组件，导入时也需要导入组件后才能够获取变量和常量。

方法的导入/导出，和变量、常量的导入/导出类似。

```
//方法导出
export function sum(a, b){
    return (a + b)
}
import {sum} from './Util'
```

7.4.2　自定义弹框组件

在平时的项目开发中，除了使用官方提供的组件和第三方开源组件，开发者可能还会自定义组件。

通常，React Native 中的自定义组件可以分为两种类型：自定义原生组件以及自定义 React 组件。其中，自定义 React 组件是一种比较简单的情况，自定义原生组件则比较复杂，需要开发者具备原生客户端开发经验。

自定义 React 组件的核心是 render()方法。围绕 render()方法，开发者可以将组件开发成通用组件和平台特有组件。通常，通用组件需要使用自定义属性的方式接收外界传入的值，如果是必须传入的属性，可以使用 isRequired 关键字，如下所示。

```
static propTypes = {
        title: PropTypes.string. isRequired,        //必须传入属性
        content: PropTypes.string,
    }
```

需要说明的是，由于 PropTypes 在 15.5.0 版本中移除，所以在 15.5.0 及之后的版本中使用 PropTypes 时，需要使用新的方式引入。

```
import PropTypes from 'prop-types'
```

当自定义组件接收到自定义的属性后，接下来就可以执行 render()方法来绘制界面了。下面是开发自定义弹框组件的完整示例。

```
export default class FreeDialog extends Component {

    static propTypes = {
        title: PropTypes.string,                    //标题
        content: PropTypes.string,                  //描述文本
        buttonContent: PropTypes.string,            //按钮文字
    }

    render() {
        return (
                <View style={styles.containerBg}>
                    <View style={[styles.dialogBg]}>
                        <Image source={require('../images/dialog_bg.png')} />
                        <Text style={styles.titleStyle}>{this.props.title
}</Text>

                        <Text>{this.props.content}</Text>
                        <TouchableOpacity>
                            <ImageBackground style={styles.buttonStyle}>
                                <Text>{this.props.buttonContent}</Text>
                            </ImageBackground>
```

```
            </TouchableOpacity>
          </View>

          <TouchableOpacity style={styles.btnCloseStyle}>
            <Image source={require('../images/ic_close.png')} />
          </TouchableOpacity>
        </View>
      );
    }
  }

const styles = StyleSheet.create({
   ...//省略样式代码
})
```

可以发现，上面自定义组件的渲染内容并没有固定，需要在使用时根据自定义组件提供的属性动态传入即可，如下所示。

```
<FreeDialog
      title={'年终大促'}
      content={'年终大促销，新的新年礼品请查收！'}
      buttonContent={'新年礼品请查收'}/>
```

重新运行示例代码，效果如图 7-21 所示。

图 7-21　自定义弹框组件示例

实际使用时，如果要对弹框的显示与隐藏逻辑进行控制，还需要在使用时新增一个显示隐藏的属性。即当属性为 true 时渲染界面，否则不执行界面渲染，如下所示。

```
static propTypes = {
        isShow: PropTypes.bool.isRequired      //是否执行渲染属性
    }


render() {
        if (!this.props.isShow) {
            return null;
        } else {
            … //执行渲界面染
        }
    }
```

7.4.3　自定义单选组件

在 React Native 中，官方并没有提供单选组件，如果应用开发中涉及单选功能，就需要开发者使用第三款开源库或者自定义单选组件。

通常，一个正常的单选功能会包含若干个子选项，每个子选项的前面有一个标识勾选状态的圆环，当某个选项被选中时圆环会变成实心，表示选中状态，如图 7-22 所示。

图 7-22　自定义单选组件示例

要完成自定义单选功能，首先需要自定义一个单选按钮组件。通过分析可以发现，单选按钮的左边是图片，右边是描述文字，按钮的图片有选中和不选中两种状态。基于此，在开发的时候就可以定义一个状态变量 selected 来记录按钮的选中状态，为 true 时表示选中，为 false 时表示未选中。

```
state = {
    selected: this.props.selected      //状态由外部传入
    };
```

为了保证自定义组件的通用性，除了状态是由外部传入，render()方法中渲染的图片和文字以及按钮的样式也需要由外部传入，因此可以定义如下一些必要的参数或属性供外部传入。

```
const {text, drawablePadding, style} = this.props;
```

当单选按钮接收到外部传入的属性后，就可以执行渲染操作了。同时，当改变按钮的选中状态之后，还需要将状态传递出去，此时就需要使用默认属性。自定义单选按钮示例代码如下。

```
let selectedImage = require("../images/radio_selted.png");    //选中图片
let unSelectedImage = require("../images/radio_select.png"); //未选中图片


export default class RadioButton extends Component {


    //默认属性
```

```
        static defaultProps = {
            selectedChanged: false,            //选中状态监听
            selectedTextColor: '#F83D2B',      //选中文字颜色
            unSelectedTextColor: '#333333',    //默认文字颜色
        };

        state = {
            selected: this.props.selected,
        };

        constructor(props) {
            super(props);
            this.selectChanged = props.selectChanged;
        }

        render() {
            const {text, drawablePadding} = this.props;
            const {selected} = this.state;

            return (
                <TouchableOpacity onPress={() => {
                    if (this.selectChanged) {
                        this.selectChanged(selected, !selected);}
                    this.setState({
                        selected: !selected })
                }}>
                    <View style={styles.radioStyle}>
                        <Image
                            style={styles.image}
                            source={selected ? selectedImage : unSelectedImage}/>
                        <Text style={{
                            color: selected ? this.props.selectedTextColor :
this.props.unSelectedTextColor, marginLeft: drawablePadding}}>{text}</Text>
                    </View>
                </TouchableOpacity>
            );
        }

    //修改选中状态
    setSelectedState(state) {
        this.setState({
            selected: state,
        });
    }
}
```

上面的代码完成了一个自定义单选按钮的功能，并不能真正地实现单选功能。因为一个正常的单选功能会包含若干子选项，而且只能有一个选项被选中。

因此，要完成自定义单选功能，还需要定义一个容器组件，这个容器组件会包含多个单选按钮，并且只有一个能选中。通过分析，自定义的单选组件的数据源、排列方向和默认选中项需要由外界传入，因此自定义的单选组件至少需要提供如下一些属性供使用方传入。

```
const {data, orientation, defaultValue,drawablePadding} = this.props;
```

当然，除了上面的一些必要属性，开发者还可以根据实际需要自由定制。下面是自定义单选组件的示例代码。

```
export default class RadioGroup extends Component {

    currentIndex = -1;                      //当前位置
    dataArray = [];                         //数据源
    itemChange=false;                       //单选按钮事件

    constructor(props) {
        super(props);
        this.itemChange = props.itemChange;
    }

    render() {
        this.dataArray = [];
        const {data, orientation, defaultValue,drawablePadding} = this.props;

        return (
            <View style={{flexDirection: orientation}}>{
                data.map((radioData, index) => {
                    return (
                        <RadioButton
                            selected={index===defaultValue?true:false}
                            key={index}
                            ref={radioButton => this.dataArray.push(radioButton)}
                            text={radioData.text}
                            drawablePadding={drawablePadding}
                            selectedChanged={() => {
                                this.change(index);
                            }}/>
                    );
                })
            }
            </View>
        );
    }

    //改变选中按钮状态
```

```
change(index) {
    this.currentIndex = index;
    this.dataArray.map((refer, index2) => {
        if (refer !== null) {
            refer.setSelectedState(index2 === this.currentIndex);
        }
    });
    this.itemChange(this.currentIndex);
}
}
```

在上面的自定义单选组件代码中，当某个子选项被选中后，会调用 change()方法改变选中按钮的状态，进而通知组件进行视图更新。

至此，自定义单选组件就算基本开发完成了。使用时，只需要根据要求传入必要的属性即可。

```
let data=[{"text": "个人"}, {"text": "单位"}, {"text": "其他"}];
<RadioGroup
    orientation='row'
    data={data}
    defaultValue={0}
    drawablePadding={8}
    itemChange={(index) => {
        alert(index)
    }}/>
```

运行上面的代码，最终效果如图 7-23 所示。

图 7-23　自定义单选组件示例

7.4.4　自定义评分组件

在现代商业活动中，商家为了更好地服务消费者，一般都会建立一套完整的意见反馈和评分体系，作为衡量商品和服务好坏的重要依据，因此，评分系统在商业产品中显得尤为重要。

通常，评分组件由五颗星星组成，评分的值可以是整数也可以是小数，最终效果如图 7-24 所示。

在开发自定义组件时，为了让自定义的评分组件具有更好的通用性和扩展性，需要为自定义评分组件提供如下属性。

图 7-24　自定义评分组件示例

```
static propTypes = {
        value: PropTypes.number. isRequired,     //评分组件值
        size: PropTypes.number,                  //评分组件大小
        margin: PropTypes.number,                //评分组件间距
        max: PropTypes.number,                   //评分组件最多个数
        color: PropTypes.string,                 //评分组件颜色
        onPress: PropTypes.func                  //点击事件
    }

static defaultProps = {
        value: 0,
        size: 20,
        margin: 5,
        max: 5,
        color: '#00b600'
    }
```

其中，value 属性是必须传入的，因此需要使用 isRequired 关键字进行标记，其他属性是非必传的，如果不传入则使用默认值。然后就可以在 render()方法中绘制自定义的评分组件。自定义评分组件的实现逻辑比较简单，先绘制的是默认的评分状态，然后绘制选中的评分状态，如下所示。

```
import Icon from 'react-native-vector-icons/AntDesign';

export default class Rate extends Component {

    …//省略其他代码

    render() {
```

```
          const {size, margin, max, color,onPress} - this.props;
          const {value} = this.state;
          const dStars = [], aStars = [];
          for (let i = 0; i < max; i++) {
          dStars.push(<Icon name='star' key={i} size={size} color='#ececec'
onPress={() => this.bindClick(i)}  style={{marginRight: margin}}/>)
          }
          for (let i = 0; i < value; i++) {
             aStars.push(<Icon name='star' key={i} size={size} color={color}
onPress={() => this.bindClick(i)}  style={{marginRight: margin}}/>)
          }
          //选中状态的星星的宽度
          const aWidth = (size + margin) * Math.floor(value) + size * (val
ue - Math.floor(value));
          return (
             <View style={styles.rate}>
                <View style={[styles.stars, styles.active, {width: aWidth}]}>
                   {aStars.map(item => item)}
                </View>
                <View style={styles.stars}>
                   {dStars.map(item => item)}
                </View>
             </View>
          ) }
     }
```

考虑到图片对资源打包的影响，自定义评分组件时，我们使用了 react-native-vector-icons 矢量图形库，该库默认集成了阿里巴巴开源的图标库 iconfont，可以快速实现各种图标效果。

至此，自定义组件就完成了，使用时只需要根据定义的属性传入需要的属性即可。

```
<Rate value={3.0} color='#f23859' size={11}/>
```

除了用于显示评分的值外，评分组件还支持点击打分操作，如图 7-25 所示。

图 7-25 评分反馈应用示例

要实现评分反馈功能，就需要给评分组件绑定点击事件，当执行点击事件时，自定义评分组件就会返回对应的评分值，然后调用 setState()方法改变 value 属性的值即可。

```
bindClick = (index) => {
        const {onPress} = this.props;
        if (!onPress) {
```

```
            return;
    }
    onPress(index + 1);
    this.setState({
            value: index + 1
    })
}
```

7.5 本章小结

作为一个跨平台框架，React Native 的核心任务就是解决页面的绘制问题，而页面通常是由各种组件构成的，所以开发者必须了解基本的组件以及组件的生命周期。其次，由于官方提供的组件有限，所以为了满足开发任务，就需要开发者合理地选取第三方开源库或者自定义相关的组件。

本章主要从组件生命周期、状态管理框架、常用第三方开源库和自定义组件几个方面着手，介绍 React Native 开发中的一些高级功能和实用技巧。

第 8 章
网络与通信

8.1　网络请求

一直以来，网络与通信都是移动应用开发中不可缺少的组成部分，除了平时开发中与服务器的数据交互，与原生平台的通信也是 React Native 开发的重要内容，同时也是开发者必须掌握的基本技能。

8.1.1　XMLHTTPRequest

XMLHTTP 是由微软公司开源的一组 API 函数集，可被 JavaScript、VBScript 以及其他 Web 浏览器内嵌的脚本语言调用，并通过 HTTP 在浏览器和 Web 服务器之间收发 XML 或其他数据。XMLHTTP 最大的优势在于可以动态地更新网页，无须重新从服务器读取整个网页，也不需要安装额外的插件，就可以完成网页的局部更新。

XMLHTTP 是 AJAX 网页开发技术的重要组成部分。除了支持 XML 格式之外，XMLHTTP 还支持其他格式的数据，如 JSON 或纯文本。XMLHttpRequest 则可以向服务器发送请求并接收数据，是用于在后台与服务器交换数据的对象。

XMLHttpRequest 对象提供了完全访问 HTTP 的能力，开发者可以使用它实现 POST 和 GET 请求。XMLHttpRequest 可以同步或异步地返回 Web 服务器的响应，并且能够以文本或者 DOM 文档的方式返回响应数据。

目前，所有现代的浏览器都支持 XMLHttpRequest，开发者只需要通过一行简单的 JavaScript 代码，就可以创建 XMLHttpRequest 对象，如下所示。

```
var xmlhttp=new XMLHttpRequest();
```
对于 IE5 和 IE6，则需要借助 ActiveX 才能创建 XMLHttpRequest 对象。
```
var xmlhttp=new ActiveXObject("Microsoft.XMLHTTP");
```

下面的示例演示了浏览器对于 XMLHttpRequest 的支持情况。

```javascript
<script type="text/javascript">
  var xmlhttp;
function loadXMLDoc(url){
  xmlhttp=null;
  if (window.XMLHttpRequest) {
  //现代浏览器（IE5 和 IE6 除外）
  xmlhttp=new XMLHttpRequest();
  }else if (window.ActiveXObject){
  // IE5 和 IE6
  xmlhttp=new ActiveXObject("Microsoft.XMLHTTP");
  }if (xmlhttp!=null){
  xmlhttp.onreadystatechange=state_Change;
  xmlhttp.open("GET",url,true);
  xmlhttp.send(null);
  }else{
    alert("Your browser does not support XMLHTTP.");
  }
}

function state_Change(){
 if (xmlhttp.readyState==4) {          // 4 = "loaded"
   if (xmlhttp.status==200) {          // 200 = OK
    // ...our code here...
    }else{
      alert("Problem retrieving XML data");
    }
  }
}
</script>
```

在上面的示例代码中，onreadystatechange 是一个事件句柄，它的值是一个函数的名称，即 state_Change 函数。当 XMLHttpRequest 对象的状态发生改变时，会自动触发此函数。

同时，当 XMLHttpRequest 对象被初次创建时，属性 readyState 的默认值为 0，当 Web 服务器接收到完整的 HTTP 响应后，readyState 属性的值会变为 4，表示 HTTP 响应已经被完全接收。运行上面的示例代码，结果如图 8-1 所示。

除了上面示例使用的属性，XMLHttpRequest 对象还支持如下属性。

- readyState：此属性表示 XMLHttpRequest 对象目前所处的状态，取值有 uninitialized、open、sent、receiving 和 loaded。

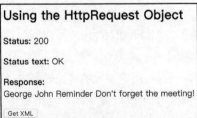

图 8-1　浏览器对 XMLHttpRequest 的支持情况示例

- responseText：此属性表示服务器接收到的响应体，不包括请求头。
- responseXML：请求的响应内容，内容会以 document 对象的形式返回。
- status：服务器返回的 HTTP 状态码，如 200 表示成功。
- statusText：用名称而不是数字的方式表示请求的 HTTP 的状态码，如当状态为 200 时对应"OK"。

除了属性外，XMLHttpRequest 对象还提供以下常用的方法。

- abort()：取消请求响应，关闭连接并且结束任何未决的网络活动，此方法会把 XMLHttpRequest 对象的 readyState 属性变为 0。
- getAllResponseHeaders()：返回请求响应头信息，如果服务器还未接收到请求则返回 null。
- getResponseHeader()：返回指定的 HTTP 响应头的值。
- open()：初始化 HTTP 请求参数，此方法只初始化请求，并不发送请求。
- send()：发送 HTTP 请求，请求时会使用到传递给 open()方法的参数，以及传递给该方法的可选请求体。
- setRequestHeader()：向一个打开但未发送的请求设置或添加一个 HTTP 请求。

作为 AJAX 技术的核心，XMLHTTP 最大的优点就是可以动态地更新网页。不过随着网络请求越来越复杂，XMLHTTP 也将面对越来大的挑战，甚至将被新的请求方式所代替。

8.1.2　fetch

在现代 Web 项目开发过程中，前端页面向服务器请求数据基本上都是通过 AJAX 技术来实现的。不过在传统的 AJAX 技术中，XMLHttpRequest 对象通过事件的模式来处理返回数据。但是 XMLHttpRequest 并不符合分离原则，其配置和调用也非常混乱，而 fetch 就是一种可以简化 XMLHttpRequest 网络请求操作的 API。

fetch 使用 Promise 方式回调请求结果。Promise 是 ES6 的核心内容之一，可以有效地解决多层级链式调用问题。目前，几乎所有的现代浏览器都支持 fetch 请求，如图 8-2 所示。

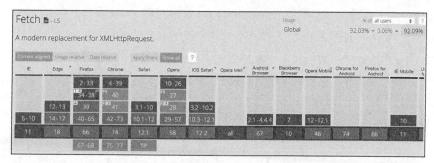

图 8-2　浏览器对 Fetch 的支持情况

　　fetch 提供了一个获取网络资源的接口，可以方便开发者快速地获取服务器资源，并且支持跨域请求。相比 XMLHttpRequest，fetch 提供了更加强大且更灵活的功能集，可以帮助开发者快速地完成网络数据交互。下面是使用 fetch 完成网络请求的基本格式，如下所示。

```
fetch(url)
    .then(response => response.json())
    .then(data => console.log(data))
    .catch(e => console.log("Oops, error", e))
```

可以发现，相比传统的 XMLHttpRequest，fetch 的语法更加简洁，业务逻辑也更加清晰。fetch 的语法格式如下。

```
fetch('url', options);
```

　　options 表示需要设置的请求，参数主要有 3 个，分别是设置请求方法、设置请求头和设置请求的主体。下面是一个常见的 POST 请求示例。

```
let content = {some: 'content'};

fetch('url', {
  method: 'post',                          //请求方法
  headers: {                               //请求头信息
    'Content-Type': 'application/json'
  },
  body: JSON.stringify(content)            //请求主体
}) .then(resp =>{
  …
})
```

　　发送 fetch 请求后，调用 then()方法就会返回一个可读流形式的结果，这个结果即是 response。response 具有如下一些方法。

- clone()：创建一个 response 对象的克隆。
- error()：返回一个带有错误信息的新 response 对象。
- arrayBuffer()：返回一个被解析为 ArrayBuffer 格式的 Promise 对象。
- blob()：返回一个被解析为 Blob 格式的 Promise 对象。
- formData()：返回一个被解析为 FormData 格式的 Promise 对象。
- json()：返回一个被解析为 JSON 格式的 Promise 对象。
- text()：返回一个被解析为字符串格式的 Promise 对象。

　　fetch 支持的请求方式主要有 4 种，分别是 GET、POST、PUT 和 DELETE。下面是一个常见的 GET 请求示例。

```
fetch(url)
    .then(response => response.json())
    .then(data => console.log(data))
    .catch(e => console.log("error", e))
```

GET 请求需要的唯一参数就是 url，因此如果需要传递参数，则参数需要拼接在 url 中。如果请求的是 JSON 格式的数据，需要调用 response.json()函数将返回结果解析为 JSON 格式。

除了 GET 请求之外，另一种常见的请求就是 POST 请求，POST 请求的格式如下。

```
fetch(url,{
    method:'POST',
    headers:{ '
        Content-type':'application/json'
    },
        body:data
    })
    .then(res=>res.json())
    .then(data=>console.log(data))
```

其中，method 表示请求的方式，headers 缩进表示请求头信息，开发者可以根据开发需求设置相关的请求头信息。

```
var u = new URLSearchParams();
u.append('method', 'flickr.interestingness.getList');
u.append('api_key', '<insert api key here>');
u.append('format', 'json');
u.append('nojsoncallback', '1');

fetch(url,{
        method:'POST',
        headers:u,              //自定义请求头信息
        body:data
    })
    .then(res=>res.json())
```

当然，fetch 还支持在 header 中设置 CORS 跨域，如下所示。

```
u.append("Access-Control-Allow-Origin", "*");
u.append("Access-Control-Allow-Headers", "X-Requested-With");
u.append("Access-Control-Allow-Methods","PUT,POST,GET,DELETE,OPTIONS");
u.append("X-Powered-By",' 3.2.1')
```

如果服务器不支持 CORS 跨域请求，fetch 还支持使用其他的访问模式，如 no-cors、same-origin 和 cors-with-forced-preflight 等，使用时通过 mode 配置项进行配置即可。

```
fetch(url, {
    mode: "no-cors"}).
    then(response => {
        …
})
```

同时，fetch 请求默认不携带 cookie 信息，如果需要在 fetch 请求中携带 cookie，可以手动设置 credentials 参数。

```
fetch(url, {
    method: 'POST',
```

```
        headers:{
            'Content-type':'application/json'
         },
        redentials: "include"          //cookie 设置
        })
```

除了 GET 和 POST 请求外，还可以使用 fetch 进行 PUT 和 DELETE 请求。其中，PUT 请求用来执行上传和修改数据操作，DELETE 则用来执行数据删除操作。

```
fetch(url,{
    method:'PUT',
    headers:{
        'Content-type':'application/json'
     },
        body:data
    })
    .then(res=>res.json())
    .then(data=>console.log(data))

fetch(url,{
    method:'DELETE',
    headers:{
        'Content-type':'application/json'
     },
        body:data
    })
    .then(res=>res.json())
    .then(data=>console.log(data))
```

可以发现，POST、PUT 和 DELETE 请求的格式是差不多的，只是在 method 中对应不同的请求方法而已，因此，在具体使用时可以对其进行统一的封装。

8.1.3　async-await

众所周知，JavaScript 语言的执行环境是单线程的，如果要进行异步操作，通常有 4 种方式，即回调函数、事件监听、发布/订阅和 Promise 对象。不过，ES7 引入了 async 函数，让 JavaScript 对于异步操作有了终极的解决方案。

事实上，async 函数主要由两部分构成，即 async 和 await。async-await 是 generator 函数的语法糖，async 函数使用 async 关键字进行标识，函数内部使用 await 来表示异步。相较于普通的 generator 语法，async 函数对以下 4 点进行了改进。

- 内置执行器：generator 函数的执行必须依靠执行器，而 aysnc 函数自带执行器，调用方式跟普通函数的调用一样。
- 更好的语义：async、await 相较于*和 yield 操作更加语义化。

- 更广的适用性：co 模块约定，yield 命令后面只能是 thunk 函数或 Promise 对象，而 async 函数的 await 命令后面则可以是 Promise 或者原始类型的值。
- 返回值为 Promise：async 函数的返回值是 Promise 对象，比 generator 函数返回的 iterator 对象方便，可以直接使用 then 函数调用返回的结果。

async 函数使用 async 关键字进行修饰，函数内部使用 await 来表示异步，并最终返回一个 Promise 对象。同时，async 函数返回的值会成为 then()方法回调函数的参数。

```
async f() {
    return 'hello world'
};


f().then( (v) => console.log(v))      //输出 hello world
```

通常，async 函数返回的值就是 Promise 对象执行 resolve 操作的值，如果 async 函数内部出现异常，则会导致返回 Promise 对象时状态变为 reject。同时，抛出的错误会被 catch()方法接收，如下所示。

```
async e(){
    throw new Error('error');
}


e().then(v => console.log(v))
.catch( e => console.log(e));            //输出 error
```

await 操作符会暂停 async 函数的执行，直到 Promise 返回计算结果以后才会继续执行 async 函数。await 必须出现在 async 函数内部，不能单独使用。

```
async asyncAwait() {
        let promise = new Promise(resolve => {
            setTimeout(() => {
                resolve("async await test...");
            }, 1000);
        });
        let response = await promise;
        console.log(response);
    }
```

在上面的示例中，当调用 asyncAwait()方法时，方法会在 await 的地方暂停，并在 1 秒后打印字符串。也就是说，await 函数必须等到内部所有的 await 命令的 Promise 对象执行完之后，状态才会改变。

正常情况下，async 函数中的 await 命令会串行执行，如果某个 await 命令出现异常，后面的 await 都不会被执行。为了解决这种问题，需要对 async 函数执行 try-catch 操作。

```
let a;
async catchError() {
    try {
```

```
        await Promise.reject('error')
    } catch (error) {
        console.log(error);
    }
    a = await 1;
    return a;
}

catchError ().then(v => console.log(a));          //输出 1
```

在 React Native 开发中，合理使用 async-await，可以有效地解决数据依赖的问题，并且代码结构更加清晰合理。

8.2　Promise

在 JavaScript 的世界中，所有代码都是单线程执行的，这是因为 JavaScript 主要的运用场景是浏览器，浏览器本身是典型的 GUI 工作线程。GUI 工作线程在绝大多数系统中都被实现为事件处理。为了避免造成线程阻塞，JavaScript 被设计成单线程工作方式。

所谓单线程，是指一个浏览器进程中只有一个执行线程，同一时刻内只会有一段代码被执行。因为这一特性，导致 JavaScript 的所有网络操作、浏览器事件都必须是异步执行的。异步执行可以使用回调函数实现。

```
function callback() {
    console.log('Done');
}
console.log('before setTimeout()');
setTimeout(callback, 1000);
console.log('after setTimeout()');
```

执行上述代码，最终会在 Chrome 控制台输出如下结果。

```
before setTimeout()
after setTimeout()
Done
```

可见，异步操作就是在将来的某个时间点触发某个函数的调用，并得到某个结果。不过，通过回调函数实现异步操作有一个很致命的问题，即多层回调函数的嵌套问题。

```
var sayhello = function(name, callback){
    …
}

sayhello("xiaomi", function(err){
    sayhello("apple", function(err){
        sayhello("huawei", function(err){
```

```
            console.log("end");
        });
    });
});
```

为了解决回调函数多层嵌套的问题，ES6 引入了 Promise 机制。它通过将异步操作以同步操作的方式表达出来，从而避免回调函数层层嵌套的问题。同时，Promise 提供的统一接口，也让异步操作变得更加容易。

目前，几乎所有的现代浏览器都支持 Promise，通过下面的代码可以检查浏览器是否支持 Promise。

```
new Promise(function () {});
```

Promise 对象用于表示一个异步操作的最终状态以及返回值，语法格式如下。

```
new Promise( function(resolve, reject) {...} /* executor */  );
```

其中，executor 是带有 resolve 和 reject 两个参数的函数。Promise 构造函数执行时会立即调用 executor 函数，resolve()和 reject()两个方法作为参数传递给 executor。Resolve()或 reject()方法被调用时，分别将 Promise 的状态改为 fulfilled（完成）或 rejected（失败）。

在 Promise 机制中，Promise 作为一个代理对象，被代理的值在 Promise 对象创建时可能是未知的。同时，它需要开发者在异步操作成功或失败后绑定相应的处理方法，并且异步方法并不会立即返回最终的执行结果，而是返回一个能代表未来结果的 Promise 对象。

```
let promise = new Promise(function(resolve, reject) {
        setTimeout(function() {
            resolve('foo');
        }, 1000);
    });

    promise.then(function(value) {
        console.log(value);         //1 秒后输出 foo
    });
console.log(promise);               // [object Promise]
```

执行上面的代码，先输出[object Promise]，然后延迟 1 秒后再输出 foo。

Promise 对象通常有 3 种状态，分别是 pending、fulfilled 和 rejected。

- pending：初始状态，既不是成功也不是失败状态。
- fulfilled：操作成功。
- rejected：操作失败。

初始状态的 Promise 对象可能会变为成功状态并传递一个值给相应的状态处理方法，也可能变为失败状态并传递失败信息。当其中任一种情况出现时，Promise 对象的 then()方法绑定的处理方法就会被调用。then()方法通常会包含两个参数，即 onfulfilled 和 onrejected。

当 Promise 的状态变成完成时，会调用 then 的 onfulfilled()方法，当 Promise 状态为失败时，则调用 then 的 onrejected()方法，所以在异步操作的完成和绑定处理方法之间不存在任何竞争。

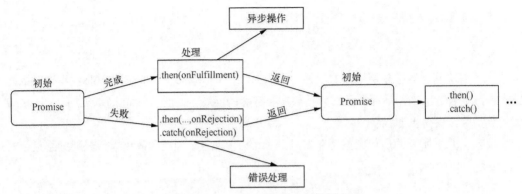

图 8-3 Promise 对象状态转换示意图

由图 8-3 可知，在 Promise 状态的转换过程中，初始状态可以转化为成功状态或失败状态，但是成功状态和失败状态却不能相互转换。

为了方便开发者使用 Promise，Promise 对象提供了如下一些属性和方法。

- length：length 属性，其值总是为 1。
- prototype：Promise 构造器的原型。
- all()：此方法返回一个新的 Promise 实例，此实例会在迭代器参数内所有的 Promise 对象都执行成功时才会触发，任何一个 Promise 对象执行失败，都会立即导致回调失败。
- race()：此方法返回一个 Promise 实例，一旦迭代器中的某个 Promise 执行成功或失败，返回的 Promise 也会执行成功或失败。
- reject()：此方法返回一个带有失败原因的 Promise 对象，并将失败信息传递给需要处理的方法。
- resolve()：此方法返回一个给定值解析后的 Promise 对象。

除了上面的方法外，Promise 构造器原型还支持以下方法。

- catch()：此方法返回一个 Promise 实例，并且处理失败的情况，且它的行为和调用 then() 是一致的。
- then()：此方法返回一个 Promise 实例，它最多接收两个参数，即成功和失败情况的回调函数。
- finally()：此方法返回一个 Promise 实例，无论 Promise 执行成功还是失败，在执行 then() 和 catch() 后都会执行 finally 回调函数。

下面通过一个简单的例子来说明 Promise 的工作流程。首先生成一个 0 至 2 的随机数，如果生成的随机数小于 1，则返回成功，否则返回失败，代码如下。

```
test(resolve, reject) {
    var timeOut = Math.random() * 2;
    log('set timeout to: ' + timeOut + ' seconds.');
```

```
    setTimeout(function () {
        if (timeOut < 1) {
            log('call resolve()...');
            resolve('200 OK');
        }else {
            log('call reject()...');
            reject('timeout in ' + timeOut + ' seconds.');
        }
    }, timeOut * 1000);
}
```

在上面的示例中，test()方法接收两个参数，这两个参数都是函数类型，如果执行成功则调用 resolve()方法，如果执行失败则调用 reject()方法。可以看出，test()方法只关心自身的逻辑，并不关心 resolve()和 reject()如何处理结果。

有了执行函数，接下来就可以使用一个 Promise 对象来执行它，并在将来某个时刻获取成功或失败结果。

```
promiseTest(){
    let p1 = new Promise(this.test);
    let p2 = p1.then(function (result) {
        console.log('成功: ' + result);
    });
    let p3 = p2.catch(function (reason) {
        console.log('失败: ' + reason);
    });
}
```

在上面的示例中，变量 p1 是一个 Promise 对象，它负责执行 test()方法。由于 test()方法内部是异步执行的，当 test()方法执行完成会将结果返回给 Promise 对象。并且，Promise 对象支持串联写法，因此上面的代码还可以改写为如下方式。

```
new Promise(test).then(function (result) {
    console.log('成功: ' + result);
}).catch(function (reason) {
    console.log('失败: ' + reason);
});
```

由于生成的随机数不同，所以 Promise 对象返回的结果也是不一样的。执行上面的代码，输出结果如图8-4所示。

凭借 ES6 提供的 Promise 机制，开发中出现的回调金字塔问题得到了有效的解决。如今，不管是异步操作还是网络请求，都能看到 Promise 的影子。

需要说明的是，尽管 Promise 能很好地实现异步操作，但也不是万能的。例如，Promise 对象在被执行的过

```
set timeout to: 0.6471691144975429 seconds.
call resolve()...
成功: 200 OK
set timeout to: 0.8915737230188729 seconds.
call resolve()...
成功: 200 OK
set timeout to: 1.548981642861488 seconds.
call reject()...
失败: timeout in 1.548981642861488 seconds.
```

图 8-4 Promise 状态转换示例

程中是无法取消的，并且如果不设置回调函数，Promise 在执行异步操作时内部还会报错。

8.3　与原生交互

混合开发一直是 React Native 应用开发中的难点。所谓混合开发，就是 React Native 的 JavaScript 层与原生客户端相互调用的过程。而相互调用就避免不了相互通信的问题，React Native 开发中所指的通信，主要是 JavaScript 层与原生客户端之间的方法调用和数据传递。

8.3.1　与原生 Android 交互

React Native 在设计之初就具备通过原生代码封装来间接编写原生代码的能力。比如，当需要在 React Native 中调用某个原生模块函数时，可以通过将原生代码封装成可供 React Native 调用的中间件，提供相应的 API 供 React Native 的 JavaScript 层调用。

通常，React Native 的 JavaScript 层调用原生代码模块包含以下几个步骤。

- 在 Android 项目中通过原生代码实现提供相应的原生功能。
- 在 Android 项目中注册编写好的功能模块。
- 在 React Native 项目中使用 JavaScript 代码调用 Android 平台功能。

为了方便理解 React Native 与 Android 原生客户端之间的交互过程，下面通过一个示例来说明。

首先，使用 React Native 提供的 init 命令初始化一个空的 React Native 项目，然后使用 Android Studio 打开 React Native 项目的 Android 工程，等待 Android Studio 自动下载 Gradle 依赖并完成项目的构建，如图 8-5 所示。

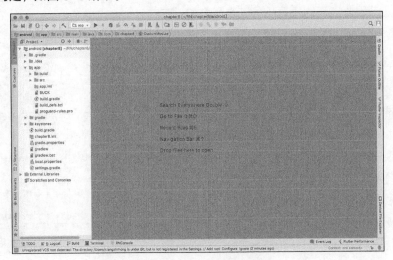

图 8-5　Android 项目结构图

　　然后，在 src 目录下新建一个继承自 ReactContextBaseJavaModule 的类，重写该类的构造函数和 getName() 方法。其中，getName() 方法表示原生模块需要返回的模块名称，React Native 的 JavaScript 层就是通过调用 getName 的名称来调用原生模块的，如下所示。

```java
public class CustomModule extends ReactContextBaseJavaModule {

    public CustomModule(ReactApplicationContext reactContext) {
        super(reactContext);
    }

    @Override
    public String getName() {
        return "CustomModule";          //返回模块名称
    }

    //Callback 方式调用
    @ReactMethod
    public void callbackMethod(String paramsFromJS, Callback ok, Callback error) {
        Log.d("CustomModule","callbackMethod:"+paramsFromJS);
        boolean result = true;
        if (result) {
            ok.invoke("callback ok");
        } else {
            error.invoke("callback ok");
        }
    }

    //Promise 方式调用
    @ReactMethod
    public void promiseMethod(String paramsFromJS, Promise promise){
        Log.d("CustomModule","paramsFromJS:"+paramsFromJS);
        boolean result = true;
        if (result) {
            promise.resolve("promise ok");
        } else {
            promise.reject("promise error");
        }
    }
}
```

　　在上述代码中，主要创建了一个原生组件，然后提供了 callbackMethod() 和 promiseMethod() 两个方法供 React Native 的 JavaScript 层调用。但是 React Native 的 JavaScript 层不能直接调用该模块的方法，还需要向系统注册该模块后才能被调用，如下所示。

```java
public class CustomReactPackage implements ReactPackage {
```

```
    @Override
    public List<NativeModule> createNativeModules(ReactApplicationContext
reactContext) {
        List modules = new ArrayList<>();
        CustomModule module = new CustomModule(reactContext);
        modules.add(module);
        return modules;
    }

    @Override
    public List<ViewManager> createViewManagers(ReactApplicationContext
reactContext) {
        return Collections.emptyList();
    }

    public List<Class<? extends JavaScriptModule>> createJSModules() {
        return Collections.emptyList();
    }
}
```

完成模块注册的最后一步,就是将自定义的 CustomReactPackage 添加到 ReactPackage 中。具体来说,就是在 MainApplication.java 文件的 getPackages()方法中添加 CustomReactPackage 的实例,如下所示。

```
@Override
protected List<ReactPackage> getPackages() {
    return Arrays.<ReactPackage>asList(
        …
        new CustomReactPackage()
    );
}
```

完成上述操作后,接下来就可以在 JavaScript 中通过 NativeModules 模块来调用对应的原生模块了。需要说明的是,使用 NativeModules 方式调用 Android 原生模块时,NativeModules 后面使用的模块名称和原生模块中 getName()方法返回的字符串保持一致。

```
import { NativeModules} from 'react-native';

export default class App extends PureComponent {

    constructor(props) {
        super(props);
        this.callBack = this.callBack.bind(this);
        this.promiss = this.promiss.bind(this);
    }

    callBack() {                      //使用 Callback 方式调用原生模块
        NativeModules.CustomModule.callbackMethod('params', (result) => {
```

```
        console.log('callBack ok======>' + result)
    }, (error) => {
        console.log('callBack error======>' + error)
    });
}

promiss() {                        //使用 Promise 方式调用原生模块
    NativeModules.CustomModule.promiseMethod('params').then((result) => {
        console.log('Promiss ok======>' + result)
    }).catch((error) => {
        console.log('Promiss error======>' + result)
    });
}

render() {
    return (
        <View>
            <TouchableOpacity onPress={this.callBack}>
                <Text style={styles.submitStyle}>回调方式</Text>
            </TouchableOpacity>
            <TouchableOpacity onPress={this.promiss}>
                <Text style={styles.submitStyle}>Promiss 方式</Text>
            </TouchableOpacity>
        </View>
    );
}
}
```

为了避免在调用原生模块时出现错误，可以将原生模块封装成一个 JavaScript 模块，然后在调用的时候导入 JavaScript 模块即可。

```
import { NativeModules } from "react-native";
module.exports = NativeModules.CustomModule;
```

最后，启动 Android 原生工程，运行上面的示例，当点击按钮执行调用 Android 原生模块的函数时，Chrome 浏览器的控制台输出如图 8-6 所示。

```
callBack ok======>callback ok
Promiss ok======>promise ok
```

图 8-6 调用 Android 原生模块示例

如果 JavaScript 要获取 Android 原生模块的常量，可以通过 getConstants()方法获取，该方法返回一个 Map<String, Object>。

```
private static final String CUSTOM_CONST_KEY = "TEXT";

    @Override
    public Map<String, Object> getConstants() {

        final Map<String, Object> constants = new HashMap<>();
        constants.put(CUSTOM_CONST_KEY, "预设常量值");
```

```
        return constants;
    }
```

在 JavaScript 与原生模块的交互中，除了基本的数据类型外，React Native 还支持 ReadableMap 和 WritableMap。其中，ReadableMap 用于 JavaScript 向原生模块传值，而 WritableMap 一般用于从原生模块获取传递过来的数据。

8.3.2 与原生 iOS 交互

相比于 Android 平台，React Native 的 JavaScript 层与 iOS 原生模块之间的交互就要简单许多。具体来说，只需要在原生 iOS 工程中创建一个 Module 类并实现 RCTBridgeModule 协议即可。

```
#import <Foundation/Foundation.h>
#import <React/RCTBridgeModule.h>
#import <React/RCTEventEmitter.h>

@interface CustomMudule : RCTEventEmitter<RCTBridgeModule>

    …
@end
```

然后，在 CustomMudule.m 文件中声明一个方法供 JavaScript 层调用。并且调用的方法需要使用 RCT_EXPORT_METHOD 宏进行声明，如下所示。

```
#import "CustomMudule.h"
#import "AppDelegate.h"

@implementation CustomMudule

RCT_EXPORT_MODULE();                          //导出原生模块
-(NSArray<NSString *>*)supportedEvents{
    return @[@"EventReminder"];
}

RCT_EXPORT_METHOD
(getStringFromRN:(NSString *)s) {             //供 JavaScript 层调用
    NSLog(@"来自 RN 的数据: %@",s);
}

@end
```

接下来，就可以在 JavaScript 端使用 React Native 提供的 NativeModules 模块来调用 iOS 原生模块的函数了，如下所示。

```
import {NativeModules} from 'react-native';

  callIOSNative() {
        const module = NativeModules.CustomMudule;
```

```
        module.getStringFromRN("hello,I am from ios");
    }
```

在与原生模块进行交互的过程中，必然会涉及数据传递的问题。除了基本的数据类型，React Native 的 JavaScript 模块与 iOS 原生模块的交互还支持字典和数组类型。

要完成 React Native 的 JavaScript 模块与 iOS 原生模块的数据交互，就需要借助 React Native 提供的 RCTResponseSenderBlock 回调。在使用 React Native 进行 iOS 混合开发时，任何数据类型都可以通过 block 形式返回给 JavaScript 模块。

```
RCT_EXPORT_METHOD
(passStringToRN:(RCTResponseSenderBlock)block) {
    if (block) {
        block(@[@"String from ios native"]);
    }
}
```

然后，JavaScript 模块只需要通过 NativeModules 即可获得 iOS 原生模块回传的数据，如下所示。

```
getNativeData() {
        const module = NativeModules.CustomMudule;
        module.passStringToRN((str) => {
            alert(str)
        });
    }
```

与 Android 平台不同，iOS 使用 Promise 方式返回的数据需要通过 block 处理后才能回调给 JavaScript 模块。

其中，RCTPromiseResolveBlock 和 RCTPromiseRejectBlock 分别表示 Promise 回调的两种状态：resolve 表示正常的执行结果，而 reject 则表示异常执行触发的 catch 操作。

```
RCT_EXPORT_METHOD
(passPromiseToRN:(NSString *)msg resolve:(RCTPromiseResolveBlock)resolve
reject:(RCTPromiseRejectBlock)reject) {
    if (![msg isEqualToString:@""]) {                    //成功回调
        resolve(@(YES));
    } else {
        reject(@"warning", @"msg cannot be empty!", nil);   //异常回调
    }
}
```

然后，在 React Native 的 JavaScript 模块调用原生模块的 passPromiseToRN()方法即可获取原生模块传递的数据。

8.3.3　事件交互

除了主动调用原生模态暴露的方法外，React Native 还支持使用事件监听的方式来进行数据传

递。使用事件监听方式接收原生平台传递过来的数据方面，Android 使用的是 DeviceEventEmitter，iOS 则使用的是 NativeEventEmitter。

对于 Android 平台来说，首先定义一个 Module 类，并在该类中定义一个原生方法，然后在需要发送事件的地方调用该方法，就可以将事件发送给 React Native 的 JavaScript 端，如下所示。

```
private ReactApplicationContext mContext;

public void sendEvent(String eventName) {
        String dataToRN = "发给 RN 的字符串";
        mContext.getJSModule(DeviceEventManagerModule.RCTDeviceEventEmitter
.class).emit(eventName, dataToRN);
    }
```

在上面的示例中，sendEvent()方法调用的 getJSModule()方法使用的上下文对象是 React ApplicationContext，eventName 为发送事件时使用的自定义的事件名。

然后，在 React Native 的 JavaScript 端监听 Android 原生端发来的通知即可，如下所示。

```
componentWillMount(){
        DeviceEventEmitter.addListener('EventName', (e)=> {
            console.log("接收到 Android 端通知"+e) ;
        });
    }
```

与 Android 平台使用 DeviceEventEmitter 监听原生客户端的事件不同，iOS 使用的是 Native EventEmitter。

对于 iOS 平台来说，想要通过事件监听的方式完成 JavaScript 层与 iOS 原生模块数据交互，就需要借助 iOS 原生模块的 RCTEventEmitter。首先，需要定义一个继承自 RCTEventEmitter 的 Module 类，并重写该类的 supportedEvents()方法，然后在此方法中声明需要支持的事件名称，最后在 Module 类的 init()方法中使用 NSNotificationCenter 监听 iOS 端需要发送的事件即可。

```
- (NSArray<NSString *>*)supportedEvents{
  return @[@"EventReminder"];
}

- (instancetype)init {
  self = [super init];
  if (self) {
    NSNotificationCenter *defaultCenter = [NSNotificationCenter defaultCenter];
    [defaultCenter removeObserver:self];
    [defaultCenter addObserver:self
                    selector:@selector(sendCustomEvent:)
                        name:@"sendCustomEventNotification"
                      object:nil];
  }
  return self;
}
```

```
//调用此方法发送事件
- (void)sendEvent:(NSNotification *)notification {
  [self sendEventWithName:@"EventReminder" body:@"iOS 发给 RN 的字符串"];
}
```

在需要发送事件的地方调用 sendEvent()方法发送事件，发送事件时可以携带一些数据，注意名称需要与 NSNotificationCenter 中自定义的事件名称保持一致。

```
- (void)buttonClicked:(id)sender {
  [[NSNotificationCenter defaultCenter] postNotificationName:@"sendCustom
EventNotification" object:nil];
  //sendCustomEventNotification 表示自定义事件名称
  [self dismissViewControllerAnimated:YES completion:nil];
}
```

当调用 buttonClicked()方法时，iOS 原生模块接收到通知后就会将内容转发给 React Native。React Native 的 JavaScript 端只需要使用 NativeEventEmitter 监听对应的事件即可。

```
componentDidMount() {
      const module = NativeModules.CustomMudule;
      let eventEmitter = new NativeEventEmitter(module);
      this.listener =eventEmitter.addListener("EventReminder", (result)
=> {
          alert("获取到 iOS 原生事件通知" + result);
      })
    }
```

使用事件监听方式实现数据交互时，为了不对系统资源造成过度消耗，开发者需要在事件处理完毕后清理监听的事件，如下所示。

```
componentWillUnmount() {
    this.listener && this.listener.remove();
  }
```

作为混合开发的一部分，与原生端的通信一直是 React Native 开发中的重点和难点，也是 React Native 开发者必须掌握的技能。

8.4 本章小结

在前端应用开发中，网络与通信是一个重要的课题，前端基本上只负责数据展示和基本的交互，对于复杂的运算逻辑则由服务器端实现。在前后端分离的架构思想下，通过网络实现前后端数据的交互就显得尤为重要。

本章主要介绍了网络请求、Promise 机制以及与原生平台交互，这些都是 React Native 开发中必备的网络知识。其中，与原生平台交互是本章的难点，也是开发者定制原生组件的必备基础技能。

第 9 章
服务器开发基础

目前，前后端分离的开发理念已成为互联网行业的基本共识。后端负责提供数据，前端负责界面展示，前后端的数据交互则通过 RESTFUL API 来实现。常见的服务器端开发语言和技术主要有以下几种。

- 基于 Java 的 Spring 技术
- 基于 Ruby 的 Ruby on Rails 技术
- 基于 Python 的 Django Web 技术
- 基于 JavaScript 的 Node.js 技术
- 常用的 PHP 和 ASP 等技术

9.1 Node.js 开发

9.1.1 Node.js 简介

众所周知，JavaScript 是前端开发中的一门脚本语言，而脚本语言都需要一个解析器环境才能够正常运行。所谓脚本语言，就是在程序执行之前，不需要编译就可以直接运行的语言，因为脚本语言具有边解析、边执行的能力。

在传统的网页开发中，对于嵌套在 HTML 页面里的 JavaScript 代码，浏览器就是 JavaScript 代码的解析器。而对于独立运行的 JavaScript 代码，Node.js 则充当了解析器的角色。

Node.js 作为 JavaScript 的运行环境，为 JavaScript 提供了操作文件、创建 HTTP 服务、创建 TCP/UDP 服务等接口，所以 Node.js 可以实现其他后台语言的工作。

简单来说，Node.js 是一个基于 Chrome V8 引擎的 JavaScript 运行环境，由于 Node.js 让 JavaScript 具备了在服务器端运行的能力，所以前端开发者可以使用它快速创建高可扩展性的服务器应用。

由于 Node.js 使用 JavaScript 语言来开发后端应用程序，所以对于不熟悉后端语言的前端开发者，就可以使用 JavaScript 来开发服务器端程序，这对于前端开发者来说无疑是一个巨大的优势。

同时，Node.js 使用异步 I/O 和事件驱动代替多线程，从而带来了很大的性能提升，因此 Node.js 非常适合用来构建运行在分布式设备的数据密集型实时应用。另外，使用强大的 Google V8 JavaScript 引擎的同时，Node.js 还使用了高效的 libev 和 libeio 库支持事件驱动和异步 I/O 操作。

Node.js 拥有非常庞大和活跃的开发者社区，并且围绕 npm 建立的庞大第三方包生态圈，可以大大提高 Node.js 的开发效率。开发者可以通过网站 Module Counts 来查看常用语言和技术的第三方包数量。

9.1.2　安装和使用 nvm

在使用 Node.js 开发服务器应用时，可能会遇到不同的项目使用不同版本 Node.js 的问题。通常，维护多个版本的 Node.js 是一件非常麻烦的事情，而 nvm 就是为解决此类问题而生。

简单来说，nvm 是一个 Node.js 的多版本管理工具，可以帮助开发者轻易实现多个 Node.js 版本之间切换。

在 macOS 或 Linux 系统上，nvm 的安装比较简单，直接使用如下命令安装即可。

```
curl -o- https://raw.githubusercontent.com/creationix/nvm/v0.34.0/install
.sh | bash
//or Wget
wget -qO- https://raw.githubusercontent.com/creationix/nvm/v0.34.0/install
.sh | bash
```

如果要在 Windows 系统上安装 nvm，则可以通过下载安装包的方式来安装。安装完成后关闭终端，重新打开终端然后输入 nvm 命令验证安装是否成功，当出现 Node Version Manager 提示时，则说明安装成功，如图 9-1 所示。

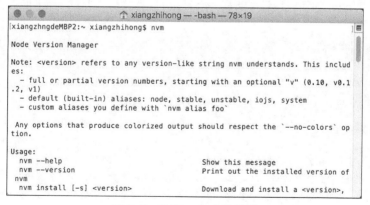

图 9-1　验证 nvm 安装结果

如果运行 nvm 命令后提示找不到 nvm 工具或提示命令错误，可以尝试重新加载环境变量或重启终端来排除问题。同时，nvm 提供了很多有用的命令，可以帮助开发者管理 Node.js。

- nvm install stable：安装最新稳定的 Node.js 版本。
- nvm install <version>：安装指定版本的 Node.js，如 12.2.0 版本。
- nvm uninstall <version>：删除已安装的指定的 Node.js 版本。
- nvm use <version>：切换使用指定的 Node.js 版本。
- nvm ls：列出所有已安装的 Node.js 版本。
- nvm current：显示当前使用的 Node.js 版本。
- nvm ls-remote：列出所有远程服务器的 Node.js 版本。
- nvm alias <name> <version>：给不同的 Node.js 版本添加别名。
- nvm unalias <name>：删除已定义的别名。
- nvm reinstall-packages <version>：重新安装指定版本号的 npm 包。

9.1.3　Node.js 示例

完成 Node.js 的安装和配置之后，接下来就可以使用 Node.js 进行服务器端应用的开发了。

首先，新建一个名为 Node 的文件夹，然后在文件夹中新建一个 helllo.js 文件，并在 hello.js 文件中添加如下代码。

```
console.log('Hello World!');
```

在终端上使用 node 命令执行该文件，会看到在控制台有'Hello World!'的字符串输出。

除了打印日志的基本功能外，Node.js 还可以用来读取文件、异步 I/O 操作。首先，新建一个 text.txt 测试文件，并在文件中添加如下字符串。

```
read from file...
```

然后，在 text.txt 的同级目录中新建一个 readfile.js 文件，并在 readfile.js 文件中添加如下代码。

```
var fs = require('fs');

fs.readFile('test.txt', function(err, data) {
    if (err) {
        console.log(err);
        throw err;
    }
    console.log(data.toString());
});
```

readFile 回调函数接收两个参数：err 表示读取文件出错返回的错误对象；data 表示从文件读取的数据。使用 node 命令运行 readfile.js 文件，不出现任何错误，会打印 text.txt 文件的内容。

除了打印日志和读取文件外，Node.js 的最大作用，就是作为 JavaScript 的运行环境，提供网络服务器功能，其作用类似于 Apache 或 Nginx 服务器。

新建一个 server.js 文件，并在 server.js 文件中添加如下代码。

```
var http = require('http');

http.createServer(function (req, res) {
    res.writeHead(200, {'Content-Type': 'text/plain'});
    res.end('Hello Node.js');
}).listen(1337, '127.0.0.1');

console.log('Server running at http://127.0.0.1:1337');
```

然后，使用 node server.js 命令运行 server.js 文件，并在浏览器中输入访问地址 http://localhost:1337，会看到如图 9-2 所示的效果。

图 9-2　使用浏览器请求 Node 服务

9.2　RESTful API

REST 全称 Representational State Transfer，中文译为表述性状态转移，是 Roy Fielding 于 2000 年在他的博士论文中提出的一种软件架构风格。表述性状态转移是一组架构约束条件和原则，满足这些约束条件和原则的应用程序或设计就是 RESTful。

作为目前最流行的 API 设计规范，RESTful 被广泛用于 Web 数据接口的设计和开发中。按照 RESTful 的设计原则，每一个网址都代表一种特定的资源，所以地址中一般只是用名词，而不用动词，如下所示。

```
http://127.0.0.1:8080/getallcars
```

满足 RESTful 设计原则的 API 就称为 RESTful API。在 RESTful API 中，每个资源都有唯一的地址，资源本身就是方法调用的目标。而对资源的不同操作，可以通过 HTTP 定义的方法来区分。其中，HTTP 定义了 8 种标准的方法，如下所示。

- GET：请求获取指定资源。
- POST：向指定资源提交数据。
- PUT：请求服务器存储一个资源。
- DELETE：请求服务器删除指定资源。

- HEAD：请求指定资源的响应头。
- OPTIONS：返回服务器支持的 HTTP 请求方法。
- TRACE：回显服务器收到的请求，可以用于测试或诊断。
- CONNECT：HTTP/1.1 中预留给将连接改为管道方式的代理服务器。

依照规定，HTTP 的 GET、POST、PUT 和 DELETE 协议分别对应资源的获取、创建、更新和删除。

在大型商业项目开发中，基于前后端分离的开发理念，服务器端和前端往往是各司其职，前端与服务器交互的唯一方式就是 API。前端通过发送请求获取服务器数据，服务器接收到请求后再将数据返回给前端，此过程是异步的，使用常见的 GET 或 POST 协议即可完成。

下面的示例演示了前端和后端使用 RESTful API 实现保存数据的操作，效果如图 9-3 所示。

用户点击【添加】按钮时，页面就会通过 axios 发送一个保存数据的操作，并将执行的结果返回前端进行页面刷新。

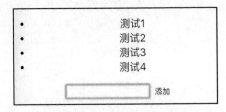

图 9-3　RESTful API 示例

首先，新建一个 server.js 文件，用于对数据执行保存操作，按照 RESTful 设计风格添加 GET 和 POST 接口，并且将请求监听的端口设置为 8000，如下所示。

```javascript
let http = require('http')
let items = []                //数据模型

http.createServer(function(req, res) {
    res.setHeader('Access-Control-Allow-Origin', '*')
    res.setHeader('Access-Control-Allow-Headers', 'Content-Type')
    res.setHeader('Content-Type', 'application/json')

    switch (req.method) {
        case 'OPTIONS':
            res.statusCode = 200;
            res.end();
            break;
        //接收 GET 请求
        case 'GET':
            console.log('server get...')
            let data = JSON.stringify(items);
            res.write(data);
            res.end();
            break;
        //接收 POST 请求
        case 'POST':
```

```
            console.log('server post...')
            let item = '';
            req.on('data', function (chunk) {
                item += chunk
            });
            req.on('end', function () {
                item = JSON.parse(item);
                items.push(item.item);
                let data = JSON.stringify(items);
                res.write(data);
                res.end()
            });
            break
    }
}).listen(8000);                        //监听端口 8000
```

然后，使用 React 编写一个前端页面，该页面由一个列表页面和一个添加按钮构成，当点击【添加】按钮时，页面就会通过 axios 发送一个保存数据的操作，并在服务器响应请求后刷新本地页面。

```
import React, {Component} from 'react';
import axios from 'axios'

const url = "http://localhost:8000/";        //服务器地址

export default class Requst extends React.Component {

    constructor(props) {
        super(props)
        this.state = {
            list: [],
            item: ''
        }
    }

    componentDidMount() {
        axios.get(url)                          //get 请求获取数据
            .then(response => {
                this.setState({
                    list: response.data,
                })
            }).catch(function (error) {
            console.log(error)
        })
    }
```

```
    handlePut() {
        axios.post(url, {                          //post 请求报错数据
            item: this.state.item
        }).then(response => {
            this.setState({
                list: response.data,
            })
        }).catch(function (error) {
            console.log(error)
        })
    }
    ...
    }
```

　　使用 node 命令启动 server.js 文件，然后使用 npm start 启动 React 前端工程，打开浏览器并输入 http://localhost:8000，当点击【添加】按钮时，页面就会通过 axios 发送一个保存数据的操作，如图 9-3 所示。

　　作为目前使用较多的前后端交互规范，RESTful API 已被大量应用在生产开发中。并且，由于 RESTful API 具有简便、轻量级以及通过 HTTP 直接传输数据的特性，因此 RESTful Web 服务成为基于 SOAP 服务的一个非常有前途的解决方案。

9.3　ExPress 框架

9.3.1　安装与使用

　　Express 作为目前较为稳定、功能强大的 Node.js 应用框架，提供了一系列实用的特性来帮助开发者创建 Web 应用。Express 不对 Node.js 已有的特性进行二次抽象，只是在 Node.js 框架的基础之上扩展 Web 应用开发所需要的一些功能。

　　使用 Express 框架，开发者可以快速地创建各种复杂的 Web 应用。除了提供常见的 HTTP 服务之外，Express 还提供了 Web 开发中的一些常用功能。

- Cookie 与用户会话
- 路由控制
- 模板解析
- 静态文件服务
- 错误处理
- 日志访问
- 缓存管理

- 插件

需要说明的是，此处的插件指的是 Express 支持并拥有的大量第三方插件。借助 Express 提供的插件，不仅可以提高项目开发的速度，还可以大大降低应用中代码的耦合性，从而提高开发效率。

使用 Express 进行 Web 应用开发之前，需要先全局安装 Express 框架，命令如下。

```
npm install express-generator -g
```

安装完成之后，可以通过查看安装版本号和帮助来验证是否安装成功，如图 9-4 所示。

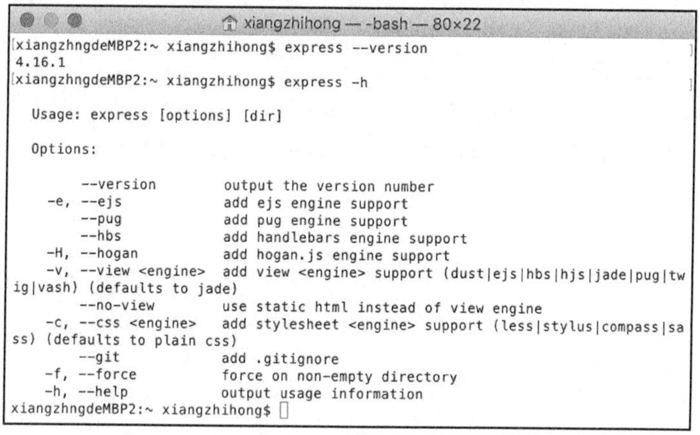

```
[xiangzhngdeMBP2:~ xiangzhihong$ express --version
4.16.1
[xiangzhngdeMBP2:~ xiangzhihong$ express -h

  Usage: express [options] [dir]

  Options:

        --version        output the version number
    -e, --ejs            add ejs engine support
        --pug            add pug engine support
        --hbs            add handlebars engine support
    -H, --hogan          add hogan.js engine support
    -v, --view <engine>  add view <engine> support (dust|ejs|hbs|hjs|jade|pug|tw
ig|vash) (defaults to jade)
        --no-view        use static html instead of view engine
    -c, --css <engine>   add stylesheet <engine> support (less|stylus|compass|sa
ss) (defaults to plain css)
        --git            add .gitignore
    -f, --force          force on non-empty directory
    -h, --help           output usage information
xiangzhngdeMBP2:~ xiangzhihong$ 
```

图 9-4　查看 Express 版本号和帮助信息

express-generator 作为 Express 的命令行工具，提供了一些常见的命令，如下所示。

- help：输出帮助信息。
- version：输出 Express 版本号。
- ejs：使用 ejs 模板构建 Web 应用。
- hbs：使用 handlebars 模板构建 Web 应用。
- pug：使用 pug 模板构建 Web 应用。
- hogan：使用 hogan.js 模板构建 Web 应用。
- no-view：创建不带模板视图的 Web 应用。
- view <engine>：创建指定模板视图的 Web 应用，engine 支持的选项有 ejs、hbs、hjs、jade、pug、wig 和 vash。
- css <engine>：为 Web 应用添加样式表引擎，支持的样式有 less、stylus、compass 和 sass。

使用 Express 提供的应用生成器工具 express-generator，可以快速地创建一个 Web 应用的骨架。

```
express --ejs Server          //使用 ejs 模板引擎创建 Server 项目
```

如上所示，使用 Express 提供的 ejs 模板引擎创建了一个名为 Server 的 Web 应用。除了 ejs 模板外，Express 还提供了 handlebars、pug 和 hogan 等 Web 应用模板，开发时可以根据需要合理选取。Web 应用的骨架创建完成后，还需要根据提示安装项目所需要的依赖包。

```
cd Server
npm install
```

接下来，就可以启动生成的 Web 应用了。在 macOS 或 Linux 系统中，可以使用如下命令启动 Web 应用。

```
DEBUG=server:* npm start
```

对于 Windows 系统来说，则可以使用如下命令启动 Web 应用。

```
set DEBUG=myapp:* & npm start
```

需要说明的是，不管是 macOS、Linux，还是 Windows 系统，都可以使用简化的 npm start 命令来启动 Web 应用。Web 应用启动成功后，打开浏览器并输入 http://localhost:3000/即可看到如图 9-5 所示的效果。

图 9-5　访问 Server 项目首页

9.3.2　项目结构

通过生成器创建的 Express 项目，其目录结构都是比较固定的。使用 WebStrom 编辑器打开新建的 Express 项目，目录结构如图 9-6 所示。

使用 Express 构建的 Web 项目比较核心的文件如下。

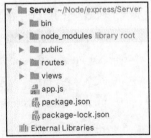

图 9-6　Express 项目目录结构

- bin：可执行文件，用于存放项目的启动脚本文件。
- node_modules：项目需要依赖的模块。在该目录下执行 npm install 安装需要的模块。
- public：存放图片、脚本、样式等静态资源文件。
- routes：存放路由文件。
- views：存放页面模板文件，如 ejs 模板或者 jade 模板。
- app.js：应用核心配置文件，也是项目的入口文件。
- package.json：工程配置文件，包含项目依赖配置及开发者信息等内容。
- package-lock.json：项目依赖模块的锁定版本。

9.3.3　路由控制

在浏览器中访问 http://127.0.0.1:3000/时，应用就会跳转到某个 Express 页面，具体跳转到哪一个页面，是由 Express 的路由控制的。开发者可以在 app.js 文件中进行配置。打开 Express 项目的 app.js 文件，会看到如下一段代码。

```
var indexRouter = require('./routes/index');
var usersRouter = require('./routes/users');

var app = express();
  …
app.use('/', indexRouter);
app.use('/users', usersRouter);
```

当启动 Express 项目后，默认访问的就是 routes 文件夹下的 index.js 文件，其源码如下。

```
var express = require('express');
var router = express.Router();

router.get('/', function(req, res, next) {
  res.render('index', { title: 'Express' });
});

module.exports = router;
```

路由路径与请求方法决定了最终的访问端点，路由路径可以是字符串、字符串模式或正则表达式。

在上面的示例中，当调用 router 的 get()方法时，该方法最终会调用 res 的 render()方法作为响应。res 的 render()方法接收两个参数：第一个参数表示模板的名称；第二个参数表示传递给模板的数据对象。其中，res 的 render()方法主要用于执行模板文件 index.ejs 的渲染操作。index.ejs 模板文件的内容如下。

```
<html>
  <head>
    <title><%= title %></title>
    <link rel='stylesheet' href='/stylesheets/style.css' />
  </head>
  <body>
    <h1><%= title %></h1>
    <p>Welcome to <%= title %></p>
  </body>
</html>
```

9.3.4　模板引擎

所谓模板引擎，就是一个将页面模板和要显示的数据结合起来生成 HTML 代码的转换工具。如果说路由控制方法相当于 MVC 中的控制器（C）的话，那模板引擎就相当于 MVC 中的视图（V）。

模板引擎的作用，就是将页面模板和要显示的数据结合起来生成 HTML 页面。它既可以在服务器端运行，又可以在客户端运行，大多数时候它都运行在服务器端，并在服务器端直接解析为 HTML 后再传输给客户端，因此客户端甚至无法判断页面是否是模板引擎生成的。当然，模板引擎也可以在客户端（浏览器）运行，典型的代表就是 XSLT，它以 XML 为输入，然后在客户端被解析成 HTML 页面后再运行。不过，由于浏览器的兼容性问题，XSLT 并不是很流行，目前主流方案还是由服务器来运行模板引擎。

模板引擎以数据和页面模板为输入，以生成的 HTML 页面为输出，然后将生成的 HTML 页面返回给控制器，再由控制器交给客户端（浏览器）。ejs 是 Express 提供的一种模板引擎，因为它使用起来十分简单，且与 Express 集成良好，所以可以作为大部分 Web 项目的默认模板。

作为 Express 项目的默认模板引擎，开发者可以在 app.js 文件中找到设置模板文件的存储位置和默认的模板引擎的相关配置，如下所示。

```
var express = require("express");
var app = express();


var indexRouter = require('./routes/index');
app.set('views', __dirname + '/views');              //文件存储位置
app.set('view engine', 'ejs');                       //设置模板引擎
app.use(express.static(path.join(__dirname, 'public')));//设置静态文件目录
app.use('/', indexRouter);


app.listen(3000);
```

启动项目，在浏览器中访问 http://127.0.0.1:3000/时，路由最终调用的就是 routes 目录下的 index.js 文件，而 index.js 文件最终会调用 res.render()方法渲染模版，并将其生成的页面直接返回给客户端。

执行模板的渲染操作时，模板引擎会把诸如<%= title %>等内容替换成真正的数据。最终，渲染模板文件得到的 HTML 页面代码如下。

```
<!DOCTYPE html>
<html>
  <head>
    <title>Express</title>
```

```
    <link rel='stylesheet' href='/stylesheets/style.css' />
  </head>
  <body>
    <h1>Express</h1>
    <p>Welcome to Express</p>
  </body>
</html>
```

需要说明的是，由于我们在 app.js 配置文件中设置了静态文件的存储目录为 public 文件夹，所以上面 HTML 页面使用的样式 href='/stylesheets/style.css' 就相当于 href='public/stylesheets/style.css'。同时，ejs 模板提供了 3 种常用的标签来辅助生成 HTML 页面。

- <% code %>：替换 JavaScript 代码。
- <%= code %>：显示替换过 HTML 特殊字符的内容。
- <%- code %>：显示原始的 HTML 内容。

当 code 作为普通字符串时，标签<%= code %>和<%- code %>并没有太大的区别。但是，当 code 是<h1>hello</h1>这种字符串时，标签<%= code %>和<%- code %>就会有所差别，<%= code %>会原样输出<h1>hello</h1>，而<%- code %>则会显示 H1 级别的 hello 字符串。

除了 ejs 模板，Express 还提供了 handlebars、pug 和 hogan 等模板引擎，开发者可以根据需要进行选取。

9.4 开发服务器接口

9.4.1 MySQL

MySQL 作为目前流行的关系型数据库管理系统之一，被广泛使用在 Web 应用开发的数据存储中。

所谓关系型数据库，是指采用关系模型来组织数据的数据库。关系型数据库通过将数据保存在不同的表中，而不是将所有数据放在一个大仓库中，从而保证了数据的存取速度和安全性。

MySQL 使用 SQL 语言来访问数据库，SQL 语言也是最常用的数据库查询和程序设计语言。同时，MySQL 采用了双授权政策，分为社区版和商业版。社区版本开源免费，但不提供官方技术支持，商业版则提供很多安全性和实时性的技术支持。一般来说，如果没有特殊应用，社区版即可满足普通的开发需求。

如果没有安装 MySQL，可以从官网下载对应系统的版本进行安装，如图 9-7 所示。

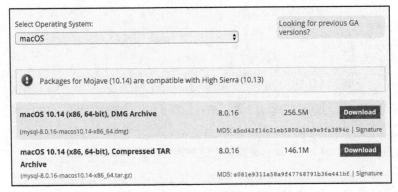

图9-7 下载对应版本的 MySQL

安装完成后，可以通过【系统偏好设置】→【MySQL】打开 MySQL 服务，如图9-8所示。

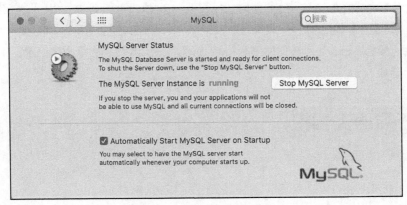

图9-8 启动 MYSQL 服务

在实际开发中，建议直接使用图形化工具来操作 MySQL 数据库，常见的有 Navicat、MySQLDumper 和 SQLyog。借助图形化的管理工具，可以很方便地管理数据库和数据表。

与其他的大型数据库（如 Oracle、DB2、SQL Server 等）相比，MySQL 自有它的不足之处，但是这丝毫没有减弱它受欢迎的程度。对于一般的个人使用者和中小型企业来说，MySQL 社区版提供的功能已经足够使用，因此可以大大降低总体拥有成本。

9.4.2 Postman

Postman 是一款功能强大的网页调试和模拟发送 HTTP 请求的工具，支持几乎所有类型的 HTTP 请求。同时，Postman 不仅支持所有的桌面系统，还提供了免费的 Chrome 插件版，从而最大程度上方便开发者。

Postman 支持所有类型的 HTTP 请求，可以用它来向服务器发送模拟 HTTP 请求，从而验证接口的正确，提高开发效率，如图 9-9 所示。

图 9-9　使用 Postman 模拟 GET 请求

除了 GET 请求外，Postman 还支持 POST、HEAD、PUT、DELETE 等多种 HTTP 请求，允许添加任意的参数和 Headers。并且它支持不同的认证机制，具体包括 Basic Auth、Digest Auth 和 OAuth 2.0 等。在输出格式上，Postman 支持 HTML、JSON 和 XML 等格式。

9.4.3　ExPress 整合 MySQL

在前后端分离的软件架构中，后端开发人员专注于数据和接口，前端开发者则专注于页面的展示，相互之间并不需要太关注对方的领域，前端与后端交互的唯一方式就是 RESTful API。前端通过 HTTP 发起网络请求，后端在接收到请求后会通过 HTTP 响应网络请求。为了让大家明白前后端通信的整个过程，下面使用 Express 整合 MySQL 来模拟后端接口开发。

首先，使用 WebStrom 新建一个基于 Express 框架的 Web 应用，如图 9-10 所示。

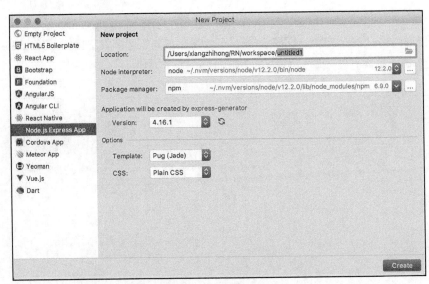

图 9-10 使用 WebStorm 创建基于 Express 的 Web 应用

等待项目构建完成之后，在项目的根目录下新建一个 config 文件，并在此目录下创建 db.js 文件，负责数据库的连接。db.js 文件的源码如下。

```
const mysql = require('mysql');
const pool = mysql.createPool({
  host: 'localhost',
  port: '3306',
  user: 'root',                          //用户名
  password: '***',                       //密码
  database: 'nodesql'                    //数据表
});

//查询数据库
function query(sql, callback) {
  pool.getConnection(function (err, connection) {
    connection.query(sql, function (err, rows) {
      callback(err, rows);
      connection.release();
    });
  });
}
exports.query = query;
```

在上面的代码中，query()方法主要用于执行查询 SQL 语句操作，执行完成后会返回执行的结果集。

同时，为了能够正常连接和访问 MySQL 数据库，还需要在 Web 项目中安装 MySQL 插件。

```
npm install mysql --save
```

由于 query() 方法最终查询的是 MySQL 数据表中的数据，所以还需要在 MySQL 数据库中新建一个数据表，新建数据表的 SQL 语句如下。

```sql
DROP TABLE IF EXISTS `person`;
CREATE TABLE `person` (
  `id` int(11) NOT NULL AUTO_INCREMENT,
  `name` varchar(255) DEFAULT NULL,
  `age` int(11) DEFAULT NULL,
  `professional` varchar(255) DEFAULT NULL,
  PRIMARY KEY (`id`)
) ENGINE=InnoDB AUTO_INCREMENT=11 DEFAULT CHARSET=utf8;
```

接下来，修改 routes 目录下 index.js 文件，删除 index.js 文件的内容，并添加如下代码。

```javascript
var express = require('express');
var router = express.Router();
const db = require("../config/db");

//查询数据库数据
router.get('/', function (req, res, next) {
    db.query('select * from person', function (err, rows) {
        if (!err) {
            res.writeHead(200, {'Content-Type': 'text/html;charset=utf-8'});
            res.end(JSON.stringify(rows));
        }
    })
});

module.exports = router;
```

由于基于 Express 构建的 Web 项目在启动时会默认读取 app.js 文件的配置，所以为了让项目启动后能够正常运行，需要在 app.js 文件中添加如下配置脚本。

```javascript
var indexRouter = require('./routes/index');

var indexRouter = require('./routes/index');
var app = express();
app.use('/', indexRouter);                    //默认路径
```

当后台服务启动之后，路由会默认访问 routes 目录下的 index 文件。需要说明的是，默认访问的文件是由开发者手动指定的，可以自行修改。

至此，使用 ExPress 整合 MySQL 数据库的过程就完成了。接下来，只需要启动 Node 微服务，即可访问服务器接口。使用 npm start 命令启动 Web 项目，然后在 Postman 中输入访问地址 http://localhost:3000/ 即可获取服务器接口提供的数据，如图 9-11 所示。

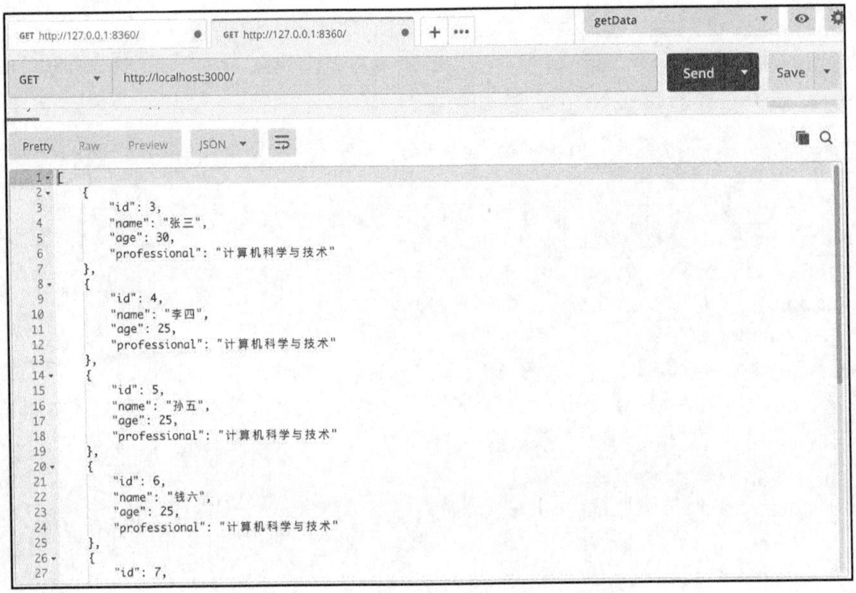

图 9-11　使用 Postman 获取接口数据

9.5　本章小结

在前后端分离的开发理念中，后端开发人员专注于数据和接口，前端开发者则专注于页面展示，相互之间并不需要太关注对方的领域。前后端之间交互的唯一方式就是 RESTful API。

本章主要介绍了 Node.js、RESTful API、Express 和服务器接口开发。通过 Node.js 技术，前端开发人员也有机会开发出高质量的后台服务。

第 10 章
React Native 测试

10.1　软件测试

软件测试，就是指使用人工操作或者软件自动运行的方式来检验产品是否实现了规定的需求，或者弄清预期结果与实际结果之间差别的过程。软件测试的目的，就是尽可能多地发现在软件中存在的问题和隐藏的漏洞。

根据划分标准的不同，软件测试可以有很多不同的分类。

1.　按阶段划分

根据测试阶段的不同，可以将测试分为单元测试、集成测试、系统测试和验收测试。

单元测试，是对软件组成单元进行测试，其目的是检验软件基本组成单位的正确性。测试的对象是软件设计的最小单位模块，所以单元测试又称为模块测试。

集成测试，也称联合测试、组装测试，是将程序模块采用适当的集成策略组装起来，对系统的接口及集成后的功能进行测试。集成测试的主要目是检查软件单位之间的接口是否正确。

系统测试，是指经过集成测试后，与系统中其他部分结合起来进行测试，测试内容包括功能、性能以及软件所运行的软硬件环境。

验收测试，是部署软件之前的最后一项测试操作，是软件产品在完成单元测试、集成测试和系统测试之后，产品发布之前所进行的软件测试活动，所以也称为交付测试。验收测试的目的是确保软件准备就绪，按照项目合同、任务书、双方约定的验收依据文档，向软件购买者展示该软件系统满足原始需求。

2.　按是否能够查看源代码划分

按照是否能够查看软件源码的角度划分，可以将测试分为黑盒测试、白盒测试和灰盒测试。

黑盒测试，也称功能测试，主要通过测试每个功能来检测程序是否能够正常工作。黑盒测试中，把被测的程序当成一个黑盒子，在完全不考虑程序内部结构和内部特性的情况下，检测程序是否能够正确地接收输入数据和产生正确的输出信息。

白盒测试，又称结构测试、透明盒测试、逻辑驱动测试或基于代码的测试。白盒测试需要了解程序的内部逻辑结构，并对所有逻辑路径进行测试。

灰盒测试，是介于白盒测试与黑盒测试之间的一种测试方法，多用于集成测试阶段，不仅关注输出、输入的正确性，同时也关注程序内部的情况。灰盒测试不像白盒测试那样详细、完整，但又比黑盒测试更关注程序的内部逻辑，常常是通过一些表征性的现象、事件、标志，来判断程序内部的运行状态。

3．按是否执行程序划分

按照是否执行程序的角度划分，测试可以分为静态测试和动态测试。

静态测试，是指不运行被测程序本身，仅通过分析或检查源程序的语法、结构、过程、接口等来检查程序的正确性。并通过对需求规格说明书、软件设计说明书、源程序做结构分析、流程图分析、符号执行，来找出程序中潜在的错误。

动态测试，是指通过运行被测程序，检查运行结果与预期结果的差异，并分析运行效率、正确性和健壮性等性能。动态测试通常由构造测试用例、执行程序和分析程序的输出结果组成。

10.2 React Native 单元测试

10.2.1 环境与配置

单元测试是最基本的测试手段，是对软件中最小可测试单元进行检查和验证，其基本思想是只测试应用程序的某个功能，通常是一个特定功能的函数。这意味着这个函数依赖的其他部分在单元测试中是用不到的，需要在使用的时候模拟一个假对象。在单元测试中，模拟的假对象被称为模拟对象，创建它的过程被称为模拟。

目前，Jest+Enzyme 组合是 React 单元测试中比较流行的做法，相对于 React 的单元测试，Facebook 官方则建议开发者使用 Jest+react-test-renderer 组合来对 React Native 项目进行单元测试。

其中，Jest 是 Facebook 开源的一套针对 JavaScript 的单元测试框架，它由另一个著名的 JavaScript 单元测试框架 Jasmine 框架演变而来，集成了测试执行器、断言库、spy、mock、snapshot 和测试覆盖率报告等实用功能。

Enzyme 则是 Airbnb 开源的针对 React 的 JavaScript 测试框架，它提供了一套简洁而强大的 API，并支持使用 jQuery 风格的语法来处理 DOM，开发体验十分友好。

不过，Enzyme 对于 React Native 项目的单元测试支持程度并不是很好，因此官方建议使用 react-test-renderer 替换 Enzyme。在使用 Jest+react-test-renderer 组件进行 React Native 单元测试之前，需要先在本地安装相关的工具，安装命令如下。

```
//安装 jest
npm install jest --save-dev
//安装 react-test-renderer
npm install react-test-renderer --save-dev
```

如果 React Native 项目是使用 react-native init 命令创建的，并且版本在 0.38.0 以上，则无须手动安装上面的工具，因为系统在生成项目的时候会默认添加依赖。

如果项目中有涉及 TypeScript，进行单元测试前还需要安装 TypeScript 插件支持，安装命令如下。

```
yarn add --dev @babel/preset-typescript
```

然后，在 babel.config.js 文件中添加如下脚本配置。

```
module.exports = {
  presets: [
    ['@babel/preset-env', {targets: {node: 'current'}}], '@babel/preset
-typescript'
  ],
};
```

目前，很多前端项目都是使用 ES6 及以上版本来编写的，但是为了兼容老版本，需要使用 Babel 来将 ES5 语法转换为 ES6 语法。因此，在单元测试时需要安装如下插件。

```
npm install --save-dev babel-jest babel-core regenerator-runtime
```

打开项目的.babelrc 文件，并添加如下脚本。

```
{
  "presets": ["module:metro-react-native-babel-preset"]
}
```

至此，React Native 项目需要的单元测试环境就配置完成了。接下来，就可以编写单元测试代码了。

10.2.2　快照测试

快照测试，是最简单的单元测试。快照测试会在第一次运行测试文件时保存一份快照文件，以后每次运行快照测试时，都会和第一次生成的快照文件进行比较，除非使用 npm test -- -u 命令重新生成快照文件。

快照测试需要用到 react-test-renderer 库。为了演示快照测试，首先新建一个名为 JestTest.js 的文件，并添加如下代码。

```
export default class JestTest extends Component{
    render() {
        return(<View/>)
    }
}
```

然后，在项目的__test__文件夹下编写一个名为 jest.test.js 的测试文件，并添加如下测试代码。

```
import React from 'react';
import JestTest from '../src/test/JestTest';
import renderer from 'react-test-renderer';

test('renders', () => {
    const tree = renderer.create(<JestTest/>).toJSON();
    expect(tree).toMatchSnapshot();
});
```

其中，toMatchSnapshot()用于创建一个快照文件，也就是 JestTest.js 文件的状态树结构。执行 test()方法会生成一个状态树结构，如下所示。

```
exports[`renders 1`] = `<View />`;
```

当测试的源文件有任何改动，再次运行快照测试时，系统将会给出相应的更改提示，如图 10-1 所示，除非使用 npm test -- -u 命令重新生成快照文件，或者手动删除快照文件。

```
Error: expect(value).toMatchSnapshot()
Received value does not match stored snapshot "renders 1".
- Snapshot
+ Received
- <View />
+ <View>
+   <Text>
+     hello world
+   </Text>
+ </View>
```

图 10-1　快照文件错误提示

10.2.3　覆盖率

在软件开发中，单元测试可以有效地发现应用程序中潜在的缺陷，然后修复，进而提高代码的健壮性和稳定性。那么，如何衡量单元测试是否符合要求呢，此时就需要借助测试覆盖报告。

测试覆盖报告是衡量单元测试结果的重要手段，它主要有 4 个检测指标：语句覆盖率、行覆盖率、分支覆盖率和函数覆盖率。

- 语句覆盖率：是不是每一个语句都被覆盖。
- 行覆盖率：是不是每一行代码都被覆盖。
- 分支覆盖率：是不是每一个 if 代码块都被覆盖。

- 函数覆盖：是不是每一个函数都被覆盖。

如果要生成整个工程的测试覆盖报告，只需要在工程的根目录执行 npm test -- --coverage 命令即可，如图 10-2 所示。

```
File          | % Stmts | % Branch | % Funcs | % Lines | Uncovered Line #s
All files     |    100  |     100  |    100  |    100  |
 JestTest.js  |    100  |     100  |    100  |    100  |
```

图 10-2　生成工程测试覆盖报告

如果只是需要生成某个测试文件的测试覆盖报告，可以在测试类上右键菜单中选择【Run … with Converage】选项，如图 10-3 所示。

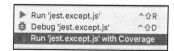

图 10-3　生成单个文件测试覆盖报告

10.3　Jest

Jest 是 Facebook 技术团队开源的一套针对 JavaScript 的单元测试框架，它由另一个著名的 JavaScript 单元测试框架 Jasmine 演变而来，支持快照、异步代码和自动生成静态分析等。

当运行测试文件时，Jest 会自动构建依赖关系，并自动执行库中的测试用例。使用 Jest 进行单元测试时，可以从 Expect、Functions、Matchers、Mock、Asynchronous 和 Functions 等方面着手。

10.3.1　匹配与断言

在进行单元测试时，经常需要对实际输出结果和预期结果进行比对，以便检查实际输出结果是否满足预期结果，使用 Jest 提供的 expect() 和 matchers() 方法可以达到这一目的。Expect 用于匹配测试，Matchers 用于断言测试。

例如，有一个 bestLaCroixFlavor() 方法，正常情况下运行时，会返回一个字符串 grapefruit，如下所示。

```
test('the best flavor is grapefruit', () => {
  expect(bestLaCroixFlavor()).toBe('grapefruit');
});
```

在上面的示例中，expect(bestLaCroixFlavor()).toBe('grapefruit') 就是一个断言。其中，expect 函数用来包装被测试的方法并返回一个对象，该对象中包含一系列的匹配器以便进行断言测试。

当然，Jest 也支持使用 expect.extend()方法来自定义匹配器，如下所示。

```
expect.extend({
  toBeWithinRange(received, floor, ceiling) {
    const pass = received >= floor && received <= ceiling;
    if (pass) {
      return {
        message: () =>
          `expected ${received} not to be within range ${floor} - ${ceiling}`,
        pass: true,
      };
    } else {
      return {
        message: () =>
          `expected ${received} to be within range ${floor} - ${ceiling}`,
        pass: false,
      };
    }
  },
});
```

在上面的示例中，当 received 大于等于 floor，并且 received 小于等于 ceiling，则执行 if 分支，否则执行 else 分支。要测试这个自定义的匹配器，可以使用 Jest 提供的断言函数，如下所示。

```
test('numeric ranges', () => {
    expect(100).toBeWithinRange(90, 110);
    expect(101).not.toBeWithinRange(0, 100);
    expect({apples: 6, bananas: 3}).toEqual({
        apples: expect.toBeWithinRange(1, 10),
        bananas: expect.not.toBeWithinRange(11, 20),
    });
});
```

当然，除了 expect()方法和 expect.extend()方法外，Jest 还支持很多其他的匹配测试函数，如下所示。

- expect.anything()：匹配除 null 或 undefined 之外的任何内容。
- expect.any(constructor)：匹配给定构造函数所创建的任何内容。
- expect.arrayContaining(array)：接收到的数组是否包含预期数组中的所有元素。
- expect.assertions(number)：验证断言调用的次数。
- expect.hasAssertions()：验证在测试期间至少调用一次断言。
- expect.not.arrayContaining(array)：接收的数组不包含预期数组中的元素。
- expect.not.objectContaining(object)：预期对象不是接收对象的子集。
- expect.not.stringContaining(string)：期望字符串不包含接收字符串。

- expect.not.stringMatching(string | regexp)：接收的字符串与预期 regexp 不匹配。
- expect.objectContaining(object)：预期对象是接收对象的子集。
- expect.stringContaining(string)：期望字符串包含接收字符串。
- expect.stringMatching(string | regexp)：接收的字符串与预期 regexp 匹配。

除了 toBe() 方法外，Jest 支持的断言测试函数还有很多，常见的断言函数如下。

- toHaveBeenCalled()：断言某个函数被访问。
- toBeNull()：断言某个对象为空。
- toBeTruthy()：断言对象为真。
- toBeUndefined()：断言对象未被定义。
- toBeNaN()：断言值为 NaN。
- toBeDefined()：断言对象已经被定义。
- toBeFalsy()：断言对象的值为 false。
- toContain(item)：断言某个数组中包含某个子项。
- toContainEqual(item)：匹配检测所有字段的相等性。
- toEqual(value)：断言所有对象的属性相等。
- toHaveLength(number)：断言某个对象的长度。
- toMatch(regexpOrString)：断言字符串匹配某个正则表达式。
- toMatchObject(object)：断言某个对象匹配对象属性的子集。
- toStrictEqual(value)：断言某个对象与检测对象具有相同的属性和值。
- toThrow(error?)：断言执行某个函数时抛出异常。

10.3.2　全局函数

在单元测试中，如果要测试某个函数，最常用的方法是导入函数所在的类，再编写测试函数。现在，借助 Jest 提供的全局函数，不导入函数所在的类，也可以对函数进行单元测试。

在使用 Jest 框架进行单元测试时，如果希望所有测试运行完之后再执行某个操作，那么可以使用 afterAll() 方法，如下所示。

```
const globalDatabase = makeGlobalDatabase();

function cleanUpDatabase(db) {
  db.cleanUp();
}


afterAll(() => {
  cleanUpDatabase(globalDatabase);
```

```
});

test('can find things', () => {
  return globalDatabase.find('thing', {}, results => {
    expect(results.length).toBeGreaterThan(0);
  });
});

test('can insert a thing', () => {
  return globalDatabase.insert('thing', makeThing(), response => {
    expect(response.success).toBeTruthy();
  });
});
});
```

在上面的代码中，当所有测试执行完成之后，最后会执行 afterAll()方法，它可以用于执行数据库清理等操作。

除了 afterAll()外，Jest 还提供了以下全局函数。

- afterEach(fn, timeout)：在每一个测试执行完成后都会运行一次此函数。
- beforeAll(fn, timeout)：在运行测试之前运行一次此函数。
- beforeEach(fn, timeout)：运行每一个测试之前运行一次此函数。
- describe(name, fn)：创建一个测试块，并将相关的测试用例放到此测试块中。
- describe.only(name, fn)：只运行一次测试块。
- describe.skip(name, fn)：跳过执行某个测试块。
- test(name, fn, timeout)：需要运行的测试方法。
- test.only(name, fn, timeout)：运行某个大型测试文件的子集。
- test.skip(name, fn)：跳过某个指定的测试。
- test.todo(name)：用于标明没有编写测试的数量。

10.3.3　Mock 测试

所谓 Mock 测试，就是在测试过程中，对于某些不容易构造或者不容易获取的对象，使用一个虚拟的对象进行替换以便测试其他内容的单元测试。Mock 测试既可以用于模拟数据，也可以用于模拟行为。

有如下一段代码，其作用是通过 AJAX 获取 API 数据。

```
class DataApi extends BaseApi {
    getData() {
        return ajaxCall('api/data');
    }
}
```

```
export default new DataApi();
```

为了方便管理测试的代码，首先在项目的根目录下创建一个__mocks__文件夹，此文件夹专门用来存放 Mock 测试文件。

针对上面的示例，可以在__mocks__文件夹下新建一个 DataApiMock.js 文件，然后利用 Jest 框架提供的 fn()方法来模拟 API 的调用过程。

```
export default {
    getData: jest.fn(
        () => new Promise(
            (resolve) => resolve([
                {
                    time: '2019-0-01 11:58:00'
                    data: 'first request…'
                },{
                    time: '2019-6-01 11:58:00'
                    data: 'seconde request…'
                },
            ]))
    )
}
```

除了上面的示例外，使用 React Native 开发跨平台应用时，JavaScript 层和原生平台之间的相互调用也是 React Native 开发中遇到的比较多的情况。由于 Jest 是一个针对前端的单元测试框架，并不支持编译原生代码，所以如果直接执行单元测试就会出现编译出错。

为了避免出现编译出错的情况，有时候还需要借助 mock()方法来模拟原生平台的参数和配置。下面是一段 mock()方法获取原生配置的 ConfigManagerMock.js 文件，代码如下。

```
import {NativeModules } from 'react-native';

const DefaultAppInfo = {                //Mock 默认数据
    appId: '1',
    appVersion: '5.1.1',
    appVersionCode: '51001',
    …
}

class ConfigManagerMock{
    constructor(){
        this._appInfo = DefaultAppInfo
    }

    get appInfo(){
        return this._appInfo;
    }
```

```
    static mockAppInfo(data) {          //Mock 获取设备信息
        this._appInfo = data
    }
}
```

```
NativeModules. appInfo = new ConfigManagerMock () // appInfo 为原生模块名称
```

然后，使用 React Native 提供的 NativeModules 导出 Mock 的原生配置，然后在需要使用的地方引入 Mock 测试文件即可。

```
import './mocks/ConfigManagerMock'

import Enzyme from 'enzyme';
import Adapter from 'enzyme-adapter-react-16';
Enzyme.configure({ adapter: new Adapter() });


jest.useFakeTimers();
```

通过上面的操作后，使用 Jest 进行单元测试时，项目中的 appInfo 模块的数据就会自动替换成 ConfigManagerMock.js 文件的数据。

同时，为了方便开发者进行 Mock 测试，Jest 还提供了如下 API。

- mockFn.getMockName()：返回 Mock 对象的名称。

- mockFn.mock.calls()：模拟参数调用。

- mockFn.mock.results()：模拟被调用的方法包含所有调用的结果。

- mockFn.mock.instances()：使用 new 模拟函数实例化。

- mockFn.mockClear()：清理断言的模拟数据。

- mockFn.mockReset()：模拟数据被重置为初始化状态。

- mockFn.mockRestore()：模拟数据恢复到原始实现。

- mockFn.mockName(value)：接收一个字符串作为测试结果，以代替 jest.fn()。

- mockFn.mockReturnValue(value)：接收一个值作为调用 mock()方法时的返回值。

- mockFn.mockReturnValueOnce(value)：接收一个值作为调用 mock()方法的一次调用的返回值。

10.3.4 异步函数

在 React Native 应用开发中，经常需要执行一些异步操作。由于异步操作是一个异步的过程，使用 Jest 进行异步函数测试时，Jest 需要知道当前测试的代码是否已经执行完成，只有在执行完成之后才能进行另外的测试。也就是说，测试的用例一定要在测试对象执行结束之后才能够运行。

目前，Jest 支持 3 种异步测试，即回调函数、Promise 和 Async/Await。其中，最常见的就是回调函数。例如，下面的 fetchData()方法用于获取网络数据并在完成时调用 callback()返回数据，如下所示。

```
function fetchData(call) {
  setTimeout(() => {
    call('peanut butter1')
  },1000);
}
```

如果要测试 fetchData()方法，可以使用 Jest 提供的 done()方法来模拟执行结束状态，如下所示。

```
test('the data is peanut butter', done => {
  function callback(data) {
    expect(data).toBe('peanut butter');
    done();
  }

  fetchData(callback);
});
```

如果使用 Promise 方式来处理异步操作，那么处理异步测试用例时只需要返回一个 Promise 对象即可。Jest 会等待此 Promise 来解决，如果 Promise 被拒绝，则测试将自动失败。

```
test('the data is peanut butter', () => {
  return fetchData().then(data => {
    expect(data).toBe('peanut butter');
  });
});
```

如果需要测试异步操作被拒绝的情况，可以使用 Jest 提供的 catch()方法来进行处理，然后使用 expect.assertions()方法来验证断言是否被调用。

```
test('the fetch fails with an error', () => {
  expect.assertions(1);
  return fetchData().catch(e => expect(e).toMatch('error'));
});
```

如果要测试执行 Promise 后的异步返回结果，可以使用 resolve()或 rejects()方法来处理。

```
test('the data is peanut butter', () => {
  return expect(fetchData()).resolves.toBe('peanut butter');//处理成功结果
});

test('the fetch fails with an error', () => {
  return expect(fetchData()).rejects.toMatch('error');          //处理失败结果
});
```

除了回调函数和 Promise 方式外，还可以使用 ES7 提供的 async/await 方式来处理异步操作。如果要测试 async/await 异步操作，只需要在测试的函数前面添加 async 关键字修饰即可。

```
test('the data is peanut butter', async () => {
  const data = await fetchData();
  expect(data).toBe('peanut butter');
});

test('the fetch fails with an error', async () => {
  expect.assertions(1);
  try {
    await fetchData();
  } catch (e) {
    expect(e).toMatch('error');
  }
});
```

如果要测试 async/await 异步操作的返回结果，可以使用 resolve()或 rejects()方法来处理。

```
test('the data is peanut butter', async () => {
  await expect(fetchData()).resolves.toBe('peanut butter');
});

test('the fetch fails with an error', async () => {
  await expect(fetchData()).rejects.toThrow('error');
});
```

10.3.5　Enzyme

Enzyme 是 Airbnb 开源的针对 React 的 JavaScript 测试工具，它提供了一套功能简捷且强大的 API，可以帮助开发者像使用 jQuery 操作虚拟 DOM 一样来操作 React 的虚拟 DOM。

同时，Enzyme 还兼容大多数断言库和测试框架，如 chai、mocha 和 jasmine 等。使用 Enzyme 进行单元测试之前，需要先在项目中安装 Enzyme 库的依赖，如下所示。

```
npm install --save enzyme                              //安装 enzyme
npm install --save enzyme-adapter-react-16             //安装 enzyme dapter
npm install --save react react-dom babel-preset-react  //其他 react 依赖
```

需要说明的是，使用 Enzyme 进行单元测试时，由于项目中使用的 React 版本的不同，Enzyme Adapter 使用的版本也会不一样。

目前，Enzyme 支持 3 种方式的渲染，分别是 shallow、render 和 mount。

- shallow：浅渲染，是对官方的 Shallow Renderer 的封装。浅渲染的作用是只渲染虚拟 DOM，不返回真实的 DOM 节点，从而提高渲染的性能。
- render：静态渲染，它将 React 组件渲染成静态的 HTML 字符串，然后使用 Cheerio 库解析 HTML 字符串，并返回一个 Cheerio 的实例对象，可以使用它来分析组件的 HTML 结构。
- mount：完全渲染，使用此方式渲染时，React 组件将被加载为真实 DOM 节点，可以用来模拟浏览器环境完成事件处理。

使用 Enzyme 框架进行渲染测试时，对于大多数情况来说，使用 shallow 浅渲染就可以完成大部分的测试需求。例如，在 src 目录下有一个 Example 组件，代码如下。

```
import React from 'react'

const Example=(props)=>{
    return (<div>
        <button>{props.text}</button>
    </div>)
}
export default Example
```

如果要对 Example 组件进行测试，使用 shallow 进行浅渲染测试即可，测试代码如下。

```
import React from 'react'
import Enzyme from 'enzyme'
import Adapter from 'enzyme-adapter-react-16'
import Example from '../src/enzyme'

const {shallow}=Enzyme

Enzyme.configure({ adapter: new Adapter() })

describe('Enzyme shallow', function () {
    it('Example component', function () {
        const name='按钮名'
        let app = shallow(<Example text={name} />)
        let btnName=app.find('button').text();
        console.log('button Name:'+btnName)
    })
})
```

然后，使用 yarn test 命令执行测试文件，如果没有任何错误，则说明组件没有任何问题，如图 10-4 所示。

```
jest "--testNamePattern=Enzyme shallow"
 PASS   console.log src/__test__/enzyme.test.js:16
     button Name:按钮名

 src/__test__/enzyme.test.js
   Enzyme shallow
     ✓ Example component (59ms)

 Test Suites: 1 passed, 1 total
 Tests:       1 passed, 1 total
 Snapshots:   0 total
 Time:        2.229s
```

图 10-4　Enzyme 浅渲染示例

　　与 shallow 浅渲染不同，mount 则主要用于完全渲染。使用 mount 方式进行渲染时，React 的组件将被解析成真实 DOM 节点，然而真实 DOM 需要浏览器环境支持，此时可以使用 jsdom 库来模拟浏览器环境。jsdom 的安装命名如下。

```
npm install --save jsdom
```

由于 mount 完全渲染需要使用 jsdom 来模拟浏览器环境，所以在运行 mount 测试前需要在 package.json 文件的 jest 节点下添加 jsdom 配置，如下所示。

```
"jest": {
    "testEnvironment": "jsdom"
  }
```

然后，使用如下测试代码即可测试组件的完全渲染。

```
import React from 'react'
import Enzyme from 'enzyme'
import Adapter from 'enzyme-adapter-react-16'
import Example from '../src/enzyme'

const {shallow,mount}=Enzyme

Enzyme.configure({ adapter: new Adapter() })

describe('Enzyme', function () {
    it('Example mount test ', function () {
        const name='按钮名';
        let app = mount(<Example text={name}/>)

        const buttonObj=app.find('button')
        const spanObj=app.find('span')

        console.info(`button 个数: ${buttonObj.length}`)
        console.info(`span 个数: ${spanObj.length}`)
    })
})
```

为了帮助开发者快速地进行单元测试，Enzyme 框架支持的常用函数如下。

- get(index)：返回指定位置子组件的 DOM 节点。
- at(index)：返回指定位置的子组件。
- first()：返回第一个子组件。
- last()：返回最后一个子组件。
- type()：返回当前组件的类型。
- text()：返回当前组件的文本内容。
- html()：返回当前组件的 HTML 代码形式。
- props()：返回根组件的所有属性。
- prop(key)：返回根组件的指定属性。
- state([key])：返回根组件的状态。
- setState(nextState)：设置根组件的状态。
- setProps(nextProps)：设置根组件的属性。

10.4　本章小结

　　软件测试是保证软件质量的重要手段。软件测试的方式有很多种，并且大部分情况下是由软件测试人员负责的。不过，单元测试是个例外，它通常需要开发人员通过编写测试脚本来完成。除了提高代码质量外，单元测试还可以帮助其他开发人员理解代码逻辑。

　　作为一个前端跨平台技术框架，React Native 大量借鉴了 React 的软件测试思想，不过又有所区别。本章主要从软件测试基本概念、单元测试和 Jest 测试等方面介绍 React Native 测试，并重点介绍了 Jest 单元测试框架。

第 11 章
应用发布与热更新

11.1 iOS 应用发布

当 React Native 项目开发完成之后，接下来就需要将应用打包，然后发布到应用商店。打包完成之后，iOS 应用只需要发布到 App Store 即可。由于 Android 生态的应用商店比较多，所以还需要针对不同的应用商店打渠道包，然后才能发布到应用商店。

11.1.1 加入开发者计划

关于如何发布 iOS 应用到 App Store，苹果官方文档已经有了很详细的说明。和普通的 iOS 应用发布流程一样，React Native 应用也需要通过原生平台打包后才能发布到 App Store，涉及的步骤主要有以下几个。

- 加入开发者计划。
- 生成证书文件（如发布证书、注册 App ID、生成描述文件）。
- 打包 iOS 应用。
- 将应用到发布 App Store。

从事 iOS 应用程序开发，必须有一个苹果开发者账号。苹果的开发者账号分为个人、公司和企业 3 种类型。如果只是单纯的应用开发，只需要有一个开发者账号即可，如果要将 iOS 应用发布到 App Store，还需要加入苹果的开发者计划。

加入苹果的开发者计划，就需要给苹果支付一定的费用。其中，个人和公司账号的费用是每年 99 美元，企业账号的费用是每年 299 美元，且都支持将应用发布至 App Store，如图 11-1 所示。

如果加入的是企业开发者计划，用户下载安装应用后，打开应用时会弹出一个请求权限的提示框。

图 11-1 加入苹果的开发者计划

11.1.2 生成发布证书

要将 iOS 应用发布到 App Store，还需要开发者具有发布证书、App ID 和描述文件，可以登录 Apple Developer 控制台操作，如图 11-2 所示。

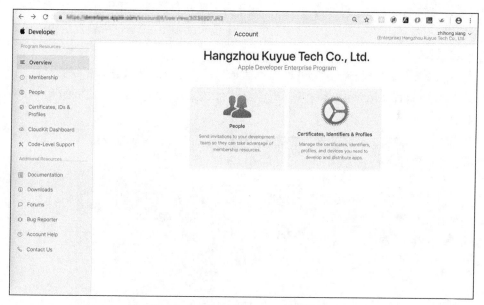

图 11-2 Apple Developer 控制台

在 iOS 开发中，iOS 的证书分为开发证书和发布证书两种。其中，开发证书主要用于测试环境，发布证书则主要用于将应用提交给 App Store 审核时使用。如果还没有发布证书，可以打开 Apple Developer 控制台，然后选择【Certificates, Indentifiers &Profiles】选项，点击【＋】

按钮来新建发布证书，如图 11-3 所示。

图 11-3 新建 iOS 应用发布证书

然后，在创建证书页面选择【iOS App Development】选项，点击【Continue】按钮进入
生成证书页面，如图 11-4 所示。

图 11-4 上传签名文件

此时，需要上传一个证书签名文件，之后才能生成发布证书。打开 macOS 系统中的钥匙
串访问应用，在菜单上依次选择【钥匙串访问】→【证书助理】→【从证书颁发机构请求证书…】
即可创建签名文件。

然后按照提示填写用户电子邮件地址等信息，点击【继续】按钮，系统会生成一个默认
名为 CertificateSigningRequest.certSigningRequest 的文件，将其保存至桌面即可，如图 11-5
所示。

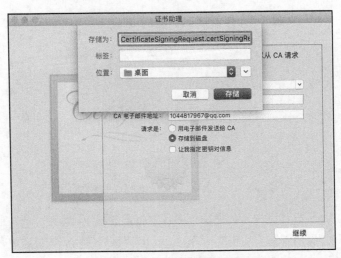

图 11-5 生成证书签名文件

在创建证书页面上传证书签名文件，点击【继续】按钮即可生成发布证书。

点击【Download】按钮下载发布证书，如图 11-6 所示。双击下载的发布证书后即可完成证书安装。

图 11-6　下载生成的发布证书

11.1.3　注册 App ID

App ID 是苹果开发者计划的一部分，主要用来标识一个或一组 iOS 应用，是应用的唯一标识。如果还没有注册 App ID，可以打开 Apple Developer 控制台，选择左侧的【Identifiers】选项，然后注册 App ID。

在注册 App ID 页面选择【App IDs】选项，然后点击【Continue】按钮填写相应的应用信息，如图 11-7 所示。

图 11-7　注册 App ID

注册 App ID 时需要填写两个重要的内容：Description 和 Suffix。其中，Description 是应用的描述信息，Suffix 是应用的唯一标识，需要与 Bundle Identifier 保持一致。

11.1.4　生成描述文件

描述文件是 iOS 系统特有的设置文件，包含了设备的授权信息，如网络配置、访问限制和安全策略等。

如果还没有安装描述文件，可以打开 Apple Developer 控制台，选择左侧的【Certicates, Indentifiers & Profiles】选项，然后点击【添加】按钮来生成描述文件，然后在描述文件类型页面选择【App Store】，如图 11-8 所示。

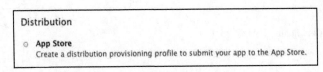

图 11-8　选择描述文件类型

选择刚才注册的 App ID，点击【Continue】按钮，输入描述、文件名称等信息即可生成描述文件。等待生成发布描述文件后，单击【Download】按钮下载该文件，如图 11-9 所示，然后双击下载的描述文件进行安装即可。

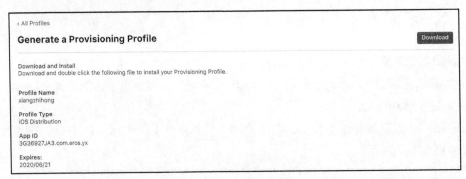

图 11-9　下载生成的描述文件

11.1.5　打包资源文件

和原生 iOS 应用的打包发布过程略有不同，在发布 React Native 项目的 iOS 正式应用包之前，还需要对 JavaScript 资源进行打包。首先，在 React Native 项目的 iOS 工程目录下新建一个 assets 文件，此文件用于存放 JavaScript 资源文件，然后在项目的根目录执行如下打包命令。

```
react-native bundle --entry-file index.js --bundle-output ./ios/assets/index.ios.bundle --platform ios --assets-dest ./ios/assets --dev false
```

等待打包命令执行完成后，打开 React Native 项目的 ios/assets 目录，会看到生成了一个名为 index.ios.bundle 的 JavaScript 资源包，如图 11-10 所示。

接下来，按照原生 iOS 应用的打包发布流程进行 iOS 应用的打包发布即可。

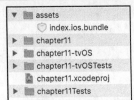

图 11-10　生成 JavaScript 资源包

11.1.6 发布 iOS 应用

使用 Xcode 打开 iOS 应用，然后导入证书和其他相关的配置文件，如图 11-11 所示。

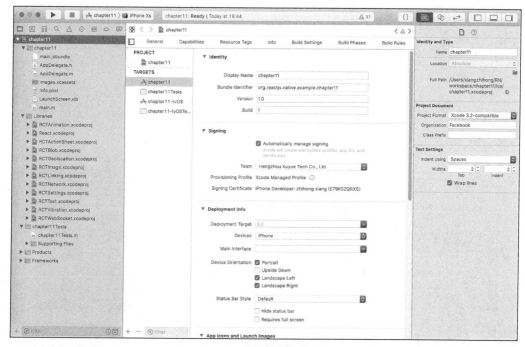

图 11-11 导入证书和配置文件

然后，将要编译的设备设置成真机或者 Generic iOS Device。如果选择模拟器，则不能执行归档操作，如图 11-12 所示。

图 11-12 选择编译目标

依次选择【Product】→【Scheme】→【Edit Scheme】，将编译目标设置为【Release】，如图 11-13 所示。

接下来，依次选择【Xcode】→【Product】→【Archive】，执行应用打包前的归档操作，然后选择【Distribute App】可生成证书的应用包，如图 11-14 所示。

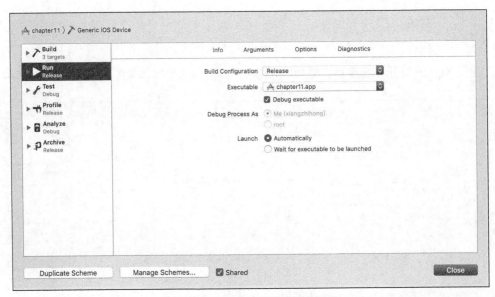

图 11-13　设置 iOS 应用编译目标

图 11-14　上传 iOS 正式应用包

单击【Distribute App】按钮即可上传 iOS 正式应用包，如图 11-15 所示。

上传 iOS 应用包时会有两个选项。其中，选择【Distribute App】选项可以直接发布 App；而如果选择【Validate App】选项，则需要完成某些验证操作后才能发布。

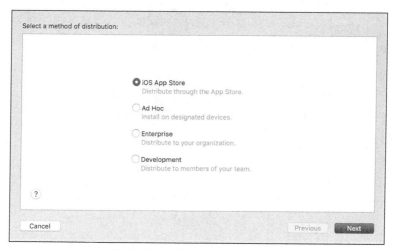

图 11-15　上传 iOS 应用到 App Store

最后，只需要将应用发布到 iTunes Connect。iTunes Connect 是苹果公司提供的一套基于 Web 的管理系统，便于开发者提交和管理 App。提交成功后，等待苹果官方的审核结果即可。

11.2　Android 应用发布

11.2.1　生成签名文件

Android 应用安装包主要分为 Debug 和 Release 两种。其中，Debug 包用于开发调试，Release 包用于正式发布。正式包需要使用签名文件打包后才能对外发布。

之所以要使用签名文件来制作正式包，是因为 Android 系统要求所有应用都使用签名文件加密后才能安装在用户手机上，这也是出于应用和用户信息的安全考虑。因此，在将 Android 应用发布到应用商店之前，需要对生成的 APK 包进行签名。如果没有签名文件，可以在 Android Studio 菜单栏中依次选择【build】→【Generate Signed APK】→【Create New Key store】来制作一个签名文件，如图 11-16 所示。

按照制作签名文件的要求填入相关的信息即可。需要提醒的是，签名密码和昵称是非常重要的信息，需要妥善保管，一旦丢失或泄露，对于之后的版本发布会造成一些麻烦。

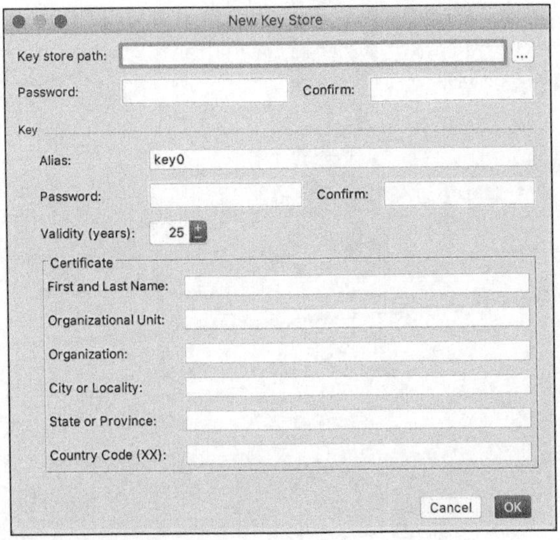

图 11-16　制作 Android 签名文件

11.2.2　打包资源文件

和 Android 原生应用打包发布过程略有不同，制作 Android 正式应用包之前还需要对 JavaScript 资源执行打包操作。

使用 Android Studio 打开 React Native 项目的 Android 原生工程，然后在 Android 原生工程的 app/src/main 目录下新建一个 assets 文件夹，用于存放 JavaScript 的打包资源。当然，也可以使用以下命令来创建一个 assets 文件夹。

```
mkdir -p android/app/src/main/assets
```

然后，使用 React Native 提供的命令行工具执行 JavaScript 资源打包，如下所示。

```
react-native bundle --platform android --dev false --entry-file index.js
--bundle-output android/app/src/main/assets/index.android.bundle --assets-d
est android/app/src/main/res/
```

打包命名执行完成后，打开 Android 工程的 main/assets 文件夹，会看到 assets 文件夹下生成一个 JSbundle 资源文件，如图 11-17 所示。

11.2.3　发布 Android 应用

准备好签名文件和 JavaScript 资源包之后，就可以开始制作 Android 正式应用包了。使用 Android

图 11-17　制作 Android 平台的
JavaScript 资源包

Studio 打开 Android 工程，依次选择【Build】→【Generate Signed Bundle or APK】进入配置签名文件页面，如图 11-18 所示。

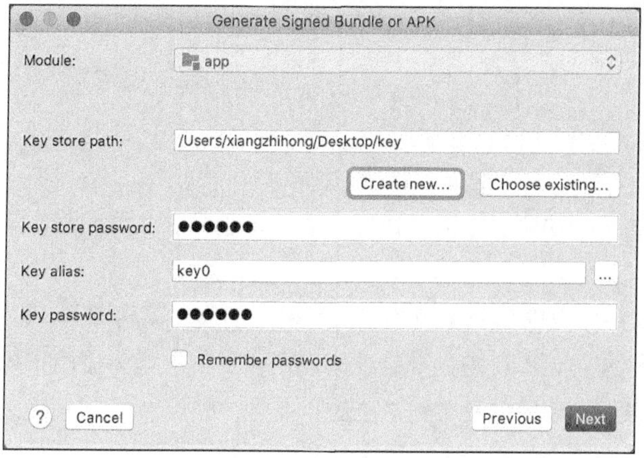

图 11-18　Android 打包选择签名文件

选择刚才生成的签名文件，填写昵称、密码等信息，然后单击【Next】按钮进入配置编译选项页面，如图 11-19 所示。

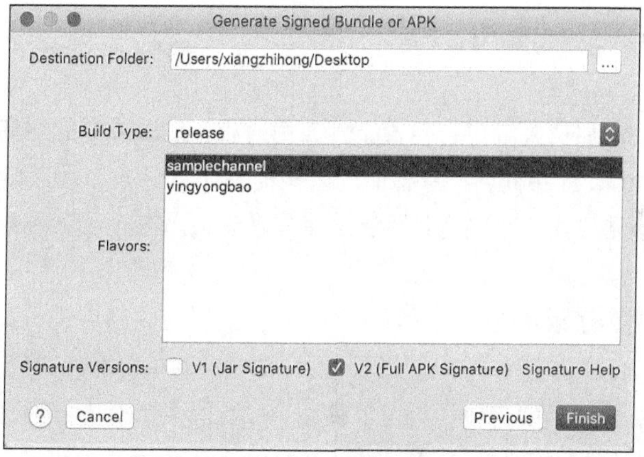

图 11-19　选择编译版本

单击【Finish】按钮，即可在指定目录生成正式应用包。和 iOS 只有一个应用商店不同，Android 有着诸多的应用商店，因此在制作 Android 正式包时还需要针对不同的应用商店制作渠道包。

关于 Android 渠道包的制作，Android 官方提供了 Gradle 渠道配置方案。具体来说，只需要在 Android 工程的 app/build.gradle 文件的 productFlavors 节点添加具体渠道配置即可，如下所示。

```
productFlavors {
    samplechannel{
        dimension 'default'
    }

    yingyongbao{
        dimension 'default'
    }
}
```

除了使用官方的 Gradle 多渠道打包方案之外，还可以使用友盟、美团发布的一键多渠道打包工具。

完成打包操作之后，只需要将生成的正式包发布到应用商店即可。除了谷歌官方的 Google Play，国内比较著名的 Android 应用商店还有腾讯应用宝、华为应用市场、百度手机助手和小米商店等。只需要将正式应用包发布到这些应用商店，即可供用户下载。

11.3　热更新详解

11.3.1　热更新基础知识

原生应用开发完成后需要经过打包发布到应用商店，然后通过应用商店的审核后才能被用户下载。然而，Android 应用商店的审核时间大概需要 1 至 2 天，而 iOS 应用商店的审核则需要 3 至 5 天。但是移动应用产品的迭代更新速度非常快，通常 1 至 2 周或者几天时间就需要完成一次版本迭代。

热更新技术就是为了解决这一问题而生的。不用提交应用商店进行审核，即可完成代码的更新。在原生 Android 开发中，可以使用 Tinker、AndFix 和 Qzone 等热更新框架来完成代码的更新。而对于原生 iOS 开发来说，则可以使用 Aspects 等热修复框架来完成代码的热更新。

与原生应用采用的热更新技术不同，React Native 天生就具备热更新特性，可以很方便地通过服务器动态更新 JavaScript 代码来实现应用的热更新。图 11-20 所示是 React Native 框架热更新的工作原理图。

可以发现，React Native 应用的热更新是由客户端发起的，通过和服务器端的交互来判断是否需要执行热更新操作，工作流程如图 11-21 所示。

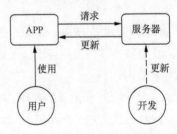

图 11-20　React Native 热更新原理示意图

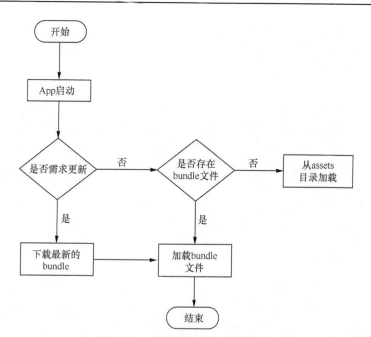

图 11-21 热更新工作流程示意图

由此可见，要完成 React Native 应用的热更新操作，需要经历以下几个步骤。

- 部署热更新服务，添加客户端版本配置。
- 客户端执行热更新检测，判断是否需要更新。
- 如果需要更新，则可以从服务器端下载资源文件差分包，然后在本地执行资源的合并操作并执行合并文件的加载操作；如果不需要更新，则直接加载内置的资源文件即可。

目前，React Native 提供的热更新方案中，比较成熟的有 React Native 中文社区推出的 Pushy 和微软推出的 CodePush，具体使用哪一种热更新方案，要根据实际情况来选择。

11.3.2 应用启动过程

为了能够更好地理解 React Native 的热修复工作流程，下面回顾一下 iOS 应用加载 React Native 组件的过程。

首先，使用 init 命令行工具来初始化一个 React Native 项目。

```
react-native init chapter12
```

然后使用 Xcode 打开 React Native 项目目录下的 ios/ chapter12.xcodeproj 文件，并修改 AppDelegate.m 文件的代码。

```
#import "AppDelegate.h"
```

```objc
#import <React/RCTBridge.h>
#import <React/RCTBundleURLProvider.h>
#import <React/RCTRootView.h>

@implementation AppDelegate

- (BOOL)application:(UIApplication *)application didFinishLaunchingWith
Options:(NSDictionary *)launchOptions{

    /*******************start*****************/
    NSURL *jsCodeLocation;
    jsCodeLocation = NSURL URLWithString:@"http://localhost:8081/index.ios
.bundle?platform=ios&dev=true";

    RCTRootView *rootView = [[RCTRootView alloc] initWithBundleURL:jsCode
Location
        moduleName:@"chapter12"
        initialProperties:nil
        launchOptions:launchOptions];
    /*******************end*****************/

    rootView.backgroundColor = [[UIColor alloc] initWithRed:1.0f green:1.0f
blue:1.0f alpha:1];

    self.window = [[UIWindow alloc] initWithFrame:[UIScreen mainScreen].bounds];
    UIViewController *rootViewController = [UIViewController new];
    rootViewController.view = rootView;
    self.window.rootViewController = rootViewController;
    [self.window makeKeyAndVisible];
    return YES;
}

@end
```

　　可以发现，当执行 react-native run-ios 或者 react-native run-android 命令启动应用时，应用默认加载的就是本地的 index.ios.bundle 资源文件。通过分析源码，可以知道 React Native 的加载经历的流程如下。

- 由 React Native 将 JavaScript 的资源打包。

- 执行 run 命令时系统会默认启动一个基于 Node.js 的 React Native 服务，并且此服务运行在本地，监听的默认端口号是 8081。

- 当应用请求本地的 index.ios.bundle 资源时，就会从 React Native 服务实时获取最新的 JavaScript 资源。

- 当 JavaScript 资源发生变化时，React Native 会重新执行打包操作，并通知原生应用重新加载。

这种设计机制，让 React Native 天生就具备了热更新特性，并且不需要引入额外的技术支持。

11.3.3 热更新示例

正常情况下，要实现代码的热更新，就需要通过服务器端进行代码下发，即将需要修复的代码放到服务器中，然后客户端每次启动的时候都会通过接口来判断是否需要执行更新，如果需要更新，则从服务器拉取最新代码。

为了模拟热更新过程，首先使用 express 新建一个用于热更新的服务器 Web 项目，如下所示。

```
express --ejs hotpatch
```

其中，ejs 表示模板引擎，hotpatch 表示服务器的项目名称。在 React Native 项目的 iOS 工程目录下新建一个 assets 文件夹，用于存放 JavaScript 资源包，然后使用 React Native 打包命令将 JavaScript 资源打包。

```
react-native bundle --entry-file index.js --bundle-output ./ios/assets/
index.ios.bundle --platform ios --assets-dest ./ios/assets --dev false
```

打包命令执行完成后，会在 ios/assets 目录下生成对应的 JavaScript 资源包，然后将打包好的 JavaScript 资源包放到 hotpatch 项目的 public 目录下，效果如图 11-22 所示。

使用 npm start 命令启动 hotpatch 服务器项目，在浏览器中打开地址 http://localhost:3000/index.ios.bundle，如果执行 index.ios.bundle 文件的下载操作，则表示服务器程序部署成功。

然后，使用 Xcode 打开 React Native 项目的 ios/ch12. xcodeproj 文件，修改 AppDelegate.m 文件的 JSBundle 加载逻辑，如下所示。

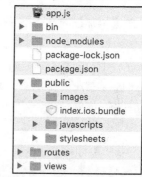

图 11-22　热更新服务器端项目结构

```
#import "AppDelegate.h"

#import <React/RCTBridge.h>
#import <React/RCTBundleURLProvider.h>
#import <React/RCTRootView.h>

@implementation AppDelegate

- (BOOL)application:(UIApplication *)application didFinishLaunchingWith
Options:(NSDictionary *)launchOptions{
```

```
/*******************start******************/
NSURL *jsCodeLocation;
jsCodeLocation = [NSURL URLWithString:@"http://localhsot:3000/index.ios
.bundle?platform=ios&dev=false"];
RCTRootView *rootView = [[RCTRootView alloc] initWithBundleURL:jsCode
Location
                                moduleName:@"chapter12"
                                initialProperties:nil
                                launchOptions:launchOptions]
/*******************end******************/

rootView.backgroundColor = [[UIColor alloc] initWithRed:1.0f green:1.0f
blue:1.0f alpha:1];

self.window = [[UIWindow alloc] initWithFrame:[UIScreen mainScreen].bounds];
UIViewController *rootViewController = [UIViewController new];
rootViewController.view = rootView;
self.window.rootViewController = rootViewController;
[self.window makeKeyAndVisible];
return YES;
}


@end
```

此时应用加载的是 http://localhost:3000/index.ios.bundle 服务器的资源文件，而不是默认的本地打包资源文件。重新编译运行 iOS 应用，运行效果如图 11-23 所示。

为了模拟热更新，需要对 App.js 文件的显示内容进行修改，代码如下。

```
export default class App extends Component<Props> {
  render() {
    return (
      <View style={styles.container}>
        <Text style={styles.welcome}>自定义热更新示例</Text>
        <Text style={styles.instructions}>To get started, edit App.js</Text>
        <Text style={styles.instructions}>{instructions}</Text>
      </View>
    );
  }
}
```

然后，重新执行 React Native 应用的 JavaScript 资源打包命令。

```
react-native bundle --entry-file index.js --bundle-output ./ios/assets/
index.ios.bundle --platform ios --assets-dest ./ios/assets --dev false
```

使用新生成的资源包替换 hotpatch 工程 public 目录下的 index.ios.bundle 文件，然后重新加载应用。如果看到更新的页面内容，则说明热更新成功，如图 11-24 所示。

图 11-23 加载热更新服务器的 JavaScript 资源

图 11-24 加载服务器热更新资源

11.4 CodePush 实战

11.4.1 CodePush 简介

作为一个移动跨平台应用开发框架，React Native 虽然提供了动态更新的基础，但是动态更新方案并不完善。因为一个完整的热更新方案，除了客户端的支持外，还需要服务器端的支持。好在微软开发的 CodePush 技术框架，填补了 React Native 应用在动态更新方面的空白，开发者也可以使用它完成代码的热修复。

CodePush 是微软开发的一套云服务器技术，可以用于实现 Cordova 和 React Native 应用的热更新。借助 CodePush 云服务器，开发者可以直接部署移动应用更新，并快速实现代码的热更新。

CodePush 作为一个中央仓库，开发者可以实时推送更新，然后客户端可以在应用启动时查询更新。这样一来，不需要重新打包发布、审核和安装应用，就可以轻松解决应用的缺陷或添加新特性。CodePush 支持的功能如下。

- 直接对用户部署代码更新。

- 管理 Alpha、Beta 和生产环境应用。
- 支持 React Native 和 Cordova 跨平台技术的热更新。
- 支持 JavaScript 文件与图片资源的更新。

11.4.2 CodePush 安装与账号注册

使用 CodePush 之前，需要先安装 CodePush 命令行工具，并注册 CodePush 账号和应用，安装命令如下。

```
npm install -g code-push-cli
```

安装完成后，可以使用 code-push -v 命令验证 CodePush 是否安装成功。然后，在终端输入命令 code-push register，会打开注册页面让开发者选择授权账号，如图 11-25 所示。

Visual Studio
App Center
App Center is mission control for apps.
Automatically build your app, test it on real devices, and distribute it to beta testers
Collect crash reports and user analytics, including custom events
Add push notifications to your app in minutes
© 2019 Microsoft
Sign in
GitHub
Personal
Company or school
Facebook
Google
Create a new account >
Sign in with email >
Terms of use
Privacy
Status

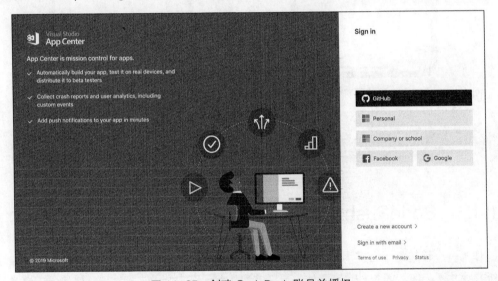

图 11-25 创建 CodePush 账号并授权

选择相应的账号登录并授权，CodePush 会生成一个 access key，复制此码到终端即可完成注册，如图 11-26 所示。

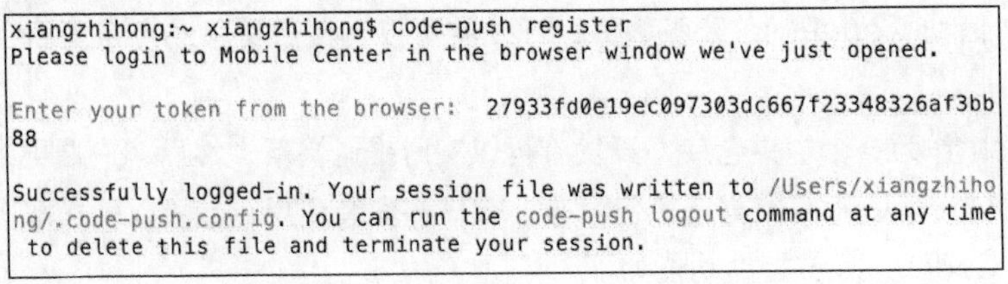

xiangzhihong:~ xiangzhihong$ code-push register
Please login to Mobile Center in the browser window we've just opened.
Enter your token from the browser: 27933fd0e19ec097303dc667f23348326af3bb88
Successfully logged-in. Your session file was written to /Users/xiangzhihong/.code-push.config. You can run the code-push logout command at any time to delete this file and terminate your session.

图 11-26 注册并登录 CodePush 账号

除了 code-push register 命令外，CodePush 还有如下一些常用命令。

- code-push login：登录 CodePush。
- code-push logout: 注销 CodePush。
- code-push access-key ls：列出 access-key。
- code-push access-key rm <accessKey>：删除某个 access-key。

为了使用 CodePush 实现应用的热更新，还需要使用下面的命令向 CodePush 服务器进行注册。

```
code-push app add <appName> <platform> react-native
```

其中，appName 表示应用的名称，platform 表示热更新针对的平台（iOS 或 Android）。在终端输入注册命令后即可完成应用的注册，如图 11-27 所示。

```
xiangzhihong:~ xiangzhihong$ code-push app add CodePush-iOS ios react-native
Successfully added the "CodePush-iOS" app, along with the following default deplo
yments:
```

Name	Deployment Key
Production	R3gmKSGk1g_UvrxEiyEQGRUYZ4rMabdf3b42-e7ca-4d8d-9a6d-b4e82e7cf199
Staging	KMjx0Dh1YrD0qqLy3e4XbTIKj6ZVabdf3b42-e7ca-4d8d-9a6d-b4e82e7cf199

```
xiangzhihong:~ xiangzhihong$ code-push app add CodePush-Android android react-nat
ive
Successfully added the "CodePush-Android" app, along with the following default d
eployments:
```

Name	Deployment Key
Production	3ewkKWUsCILlPVEZ1yoLHleGLcN-abdf3b42-e7ca-4d8d-9a6d-b4e82e7cf199
Staging	Gr-avmdpNgIYaSr-u_TZlbocRxQSabdf3b42-e7ca-4d8d-9a6d-b4e82e7cf199

图 11-27　向 CodePush 注册应用

需要说明的是，向 CodePush 云服务器注册应用时需要指明应用对应的平台。成功地向 CodePush 注册应用后，每个应用都会生成两个 Deployment Key，即 Production 和 Staging。其中，Production 用于生产环境，Staging 则用于模拟环境。

如果需要同时发布 Android 和 iOS 两个平台的 React Native 应用热更新，那么在向 CodePush 注册应用时就需要注册两个应用，获取两套 Deployment Key。注册成功后，可以通过 https://appcenter.ms/apps 来查看注册的 CodePush 应用的相关信息，如图 11-28 所示。

除了 code-push app add 命令外，CodePush 用于应用管理的命令如下所示。

- code-push app add：在登录账号中添加一个新的应用。
- code-push app remove <appName>：在登录账号中删除一个存在的应用。
- code-push app rename：重命名一个存在的应用。
- code-push app list：列出登录账号下所有的应用。
- code-push app transfer：把应用的所有权转移到另一个账号。

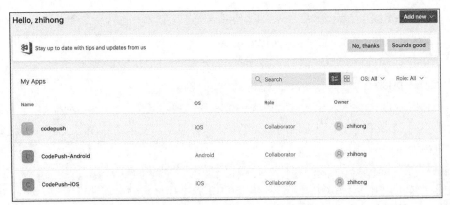

图 11-28   CodePush 应用管理

11.4.3   集成 CodePush SDK

完成 CodePush 账号的创建和应用的注册之后，接下来，就可以在 React Native 应用中集成 CodePush SDK 了。

首先，使用 react-native init 命令新建一个 React Native 项目。

```
react-native init codepush
```

然后，在项目中安装 react-native-code-push 插件依赖，安装命令如下。

```
npm install --save react-native-code-push
```

运行 link 命令将 react-native-code-push 插件添加到原生工程中。

```
react-native link react-native-code-push
```

此时，系统会提示输入 iOS 和 Android 应用的 Deployment Key，此时输入应用的 Key 即可，如下所示。

```
? What is your CodePush deployment key for Android (hit <ENTER> to ignore)
? What is your CodePush deployment key for iOS (hit <ENTER> to ignore)
```

如果不输入则可以直接单击【Enter】键跳过，并在使用时使用手动集成的方式进行手动配置。如果忘记 Deployment Key 的话，可以通过如下命令查看，如图 11-29 所示。

```
xiangzhihong:workspace xiangzhihong$ code-push deployment ls CodePush-Android -k
```

Name	Deployment Key
Production	3ewkKWUsCILlPVEZ1yoLHleGLcN-abdf3b42-e7ca-4d8d-9a6d-b4e82e7cf199
Staging	Gr-avmdpNgIYaSr-u_TZlbocRxQSabdf3b42-e7ca-4d8d-9a6d-b4e82e7cf199

```
xiangzhihong:workspace xiangzhihong$ code-push deployment ls CodePush-iOS -k
```

Name	Deployment Key
Production	R3gmKSGk1g_UvrxEiyEQGRUYZ4rMabdf3b42-e7ca-4d8d-9a6d-b4e82e7cf199
Staging	KMjx0Dh1YrD0qqLy3e4XbTIKj6ZVabdf3b42-e7ca-4d8d-9a6d-b4e82e7cf199

图 11-29   查看 CodePush 应用的 deployment key

需要说明的是，使用 react-native link 命令链接原生库时，如果直接跳过输入 Deployment Key，也可以在原生端手动配置。

成功地将 react-native-code-push 项目到添加 CodePush 云服务器之后，还需要对原生工程做一些修改处理。

11.4.4　手动集成 CodePush SDK

使用 react-native link 链接原生库时，如果跳过输入 Deployment Key 的步骤，那么可以通过手动方式集成 CodePush SDK，并手动修改原生端的相关配置。

对于 iOS 来说，使用 Xcode 打开 ios/codepush.xcodeproj 目录下的 iOS 工程，在 Xcode 的导航视图的 PROJECT 下选中项目，依次选择【 Info 】→【 Configurations 】→【 添加 】→【 Duplicate Release Configuration 】，然后输入 Staging 对应的 KEY，如图 11-30 所示。

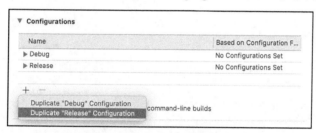

图 11-30　添加自定义配置

在 Build Settings 面板选择【 Add User-Defined Setting 】添加自定义编译环境配置，如图 11-31 所示。

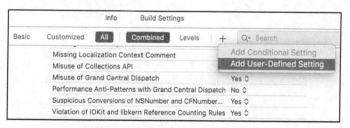

图 11-31　添加自定义编译配置

在 User-Defined 中添加 CodePush 的 Deployment Key，如图 11-32 所示。

图 11-32　配置 CodePush 的 KEY

打开 Info.plist 文件，并在 CodePushDeploymentKey 列的 Value 选项中输入$(CODEPUSH_KEY)，如图 11-33 所示。

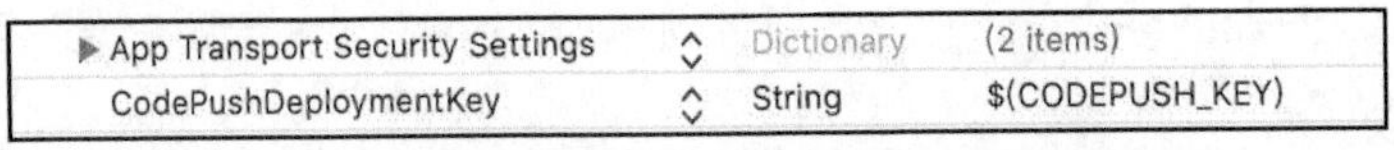

| ▶ App Transport Security Settings | ⌄ | Dictionary | (2 items) |
| CodePushDeploymentKey | ⌄ | String | $(CODEPUSH_KEY) |

图 11-33 配置 CodePushDeploymentKey 的值

对于 Android 来说，使用 Android Studio 打开 Android 原生工程，在 android/settings.gradle 文件中引入 react-native-code-push 库，如下所示。

```
include ':react-native-code-push'
project(':react-native-code-push').projectDir = new File(rootProject.projectDir, '../node_modules/react-native-code-push/android/app')
```

在 app/build.gradle 文件中关联 react-native-code-push 库的依赖，如下所示。

```
apply from: "../../node_modules/react-native-code-push/android/codepush.gradle"

dependencies {
    compile project(':react-native-code-push')
}
```

接下来，在 MainApplication 类的 getPackages()方法中注册 CodePush，如下所示。

```
@Override
protected String getJSBundleFile() {
    return CodePush.getJSBundleFile();
}

@Override
public boolean getUseDeveloperSupport() {
    return BuildConfig.DEBUG;
}

@Override
    protected List<ReactPackage> getPackages() {
        return Arrays.<ReactPackage>asList(
            new MainReactPackage(),
            new CodePush(BuildConfig.codepushkey,getApplicationContext(), BuildConfig.DEBUG)
        );
    }
```

由于 CodePush 的 DeploymentKey 分为生产环境与测试环境两种，所以可以在 build.gradle 文件中进行设置。

```
android {

    releaseStaging {
        buildConfigField "String", "CODEPUSH_KEY", '"<INSERT_STAGING_KEY>"'
```

```
    }

    release {
      buildConfigField "String", "CODEPUSH_KEY", '"<INSERT_PRODUCTION_KEY>"'
    }
  }
}
```

至此，CodePush 热更新所需要的原生配置就完成了，接下来只需要修改 React Native 的 JavaScript 层的热更新逻辑，即可实现应用的热更新。

11.4.5 iOS 应用热更新

使用 Xcode 打开 ios/codepush.xcodeproj 文件，然后打开 AppDelegate.m 文件，可以看到 jsCodeLocation 的相关代码，如下所示。

```
#if DEBUG
    return [[RCTBundleURLProvider sharedSettings] jsBundleURLForBundleRoot
:@"index" fallbackResource:nil];
    #else
    return [CodePush bundleURL];
    #endif
  }
```

可以看出，在非 Debug 状态下，系统默认加载的资源地址为 CodePush 的 bundleURL。如果要加载 CodePush 的 Bundle 资源，需要手动修改编译选项为【Release】。具体来说，打开 Xcode 的菜单，依次选择【Product】→【Scheme】→【Edit Scheme】，将编译环境设置为【Release】，如图 11-34 所示。

图 11-34 修改编译选项为【Release】模式

完成上述原生配置之后，打开 React Native 的入口文件 index.js，并对 index.js 文件进行如下修改。

```
import React, {Component} from 'react';
import {AppRegistry, Platform, StyleSheet, Text, View} from 'react-native';
import {name as appName} from './app.json';
import codePush from 'react-native-code-push'

type Props = {};
export default class App extends Component<Props> {

    constructor(props) {
        super(props);
        this.state = {
            message: ''
        };
    }

    componentDidMount() {
        codePush.checkForUpdate().then((update) => {
            if (update) {
                this.setState({message: '有新的更新！'})
            } else {
                this.setState({message: '已是最新，不需要更新！'})
            }
        })
    }

    render() {
        return (
            <View style={styles.container}>
                <Text style={styles.welcome}>版本号 1.0</Text>
                <Text style={styles.instructions}>{this.state.message}
</Text>
            </View>
        );
    }
}

//省略样式文件

AppRegistry.registerComponent(appName, () => codePush(App));
```

在上面的示例代码中，当应用启动后，componentDidMount()方法会去检查应用是否需要更新，如果检测到需要更新，则执行资源的下载，然后重新编译和运行应用，效果如图 11-35 所示。

图 11-35 iOS 应用更新前运行效果

然后，将 index.js 文件显示的版本号升级为 1.1，修改内容如下。

```
render() {
    return (
        <View style={styles.container}>
            <Text style={styles.welcome}>版本号 1.1</Text>
            <Text style={styles.instructions}>{this.state.message}</Text>
        </View>
    );
}
```

接下来，使用 CodePush 的 code-push release 命令行工具发布针对 iOS 的更新，如下所示。

```
code-push release-react codepush ios
```

等待 bundle 资源包制作完成并发布到 CodePush 云服务器，然后退出应用程序并重新启动应用，当系统检测到需要更新后，系统就会下载最新的资源并执行更新操作。如图 11-36 所示，是更新成功后的效果。

除此之外，还可以使用 CodePush 提供的 code-push deployment 命令来查看更新情况，如图 11-37 所示。

Update Metadata	Install Metrics
No updates released	No installs recorded
Label: **v1** App Version: **1.0** Mandatory: **No** Release Time: **5 minutes ago** Released By:	No installs recorded

图 11-36　iOS 应用需要更新时运行效果　　　　图 11-37　查看 iOS 应用更新情况

11.4.6　Android 应用热更新

　　和 iOS 应用的热更新一样，Android 应用的热更新也需要原生配置的支持。使用 react-native link 命令链接原生库依赖，热更新所需要的原生环境就已经配置完成，接下来只需要修改 React Native 对应的更新逻辑即可。

　　由于 iOS 和 Android 使用的是同一个入口文件，所以只需要修改 index.js 文件的代码即可，如下所示。

```
import React, {Component} from 'react';
import {AppRegistry, Platform, StyleSheet, Text, View} from 'react-native';
import {name as appName} from './app.json';
import codePush from 'react-native-code-push'

type Props = {};
export default class App extends Component<Props> {

    constructor(props) {
        super(props);
        this.state = {
            message: ''
```

```
        };
    }

    componentDidMount() {
        codePush.checkForUpdate().then((update) => {
            if (update) {
                this.setState({message: '有新的更新！'})
            } else {
                this.setState({message: '已是最新，不需要更新！'})
            }
        })
    }

    render() {
        return (
            <View style={styles.container}>
                <Text style={styles.welcome}>版本号 1.0</Text>
                <Text style={styles.instructions}>{this.state.message}</Text>
            </View>
        );
    }
}

//省略样式文件

AppRegistry.registerComponent(appName, () => codePush(App));
```

重新编译并启动应用，Android 应用代码更改前的运行效果如图 11-38 所示。然后，将 index.js 文件显示的版本号修改为 1.1，如下所示。

```
    render() {
        return (
            <View style={styles.container}>
                <Text style={styles.welcome}>版本号 1.1</Text>
                <Text style={styles.instructions}>{this.state.message}
</Text>
            </View>
        );
    }
```

接下来，使用 CodePush 的 code-push release 命令行工具发布针对 Android 平台的热更新。

```
code-push release-react codepush android
```

等待 bundle 资源包制作完成并发布到 CodePush 云服务器，然后重新打开应用，就可以看到应用启动时的更新提示，如图 11-39 所示。

在检测到更新后，系统会下载最新的资源并更新，当再次打开应用后，就可以看到应用更新成功后的效果。

图 11-38　Android 应用更新前运行效果　　图 11-39　Android 应用需要更新时运行效果

11.5　本章小结

当 React Native 项目开发完成之后，就需要对应用进行打包。打包 React Native 项目需要原生平台的支持，当应用包制作完成之后，还需要发布到应用商店才能被用户下载。

作为一个移动跨平台框架，React Native 提高了移动应用的开发效率，不仅如此，React Native 还支持热更新。正是因为具备这些特性，才让 React Native 在短期内成为跨平台开发的主流技术。

本章主要围绕应用打包、应用发布和热更新等内容进行讲解，重点讲解与热更新相关的 CodePush 框架，并通过案例将这些知识的应用方法分享给读者。

第 12 章
电影购票 App 开发实战

12.1 实战项目概述

去电影院看电影是现代都市生活中最常见的娱乐方式之一。在传统的观影流程中，人们需要先到电影院排队购票，然后才能进入影厅观看电影。当排队人数比较多的时候，观影体验就比较差。现在，人们只需要通过电影购票 App 即可完成线上购票，然后根据购票凭据到电影院取票即可观看电影。从本质上来说，这一过程就是线上交易到线下消费的过程，即 O2O 商业模式。

纵观现在市面上所有的电影购票 App，除了账号系统和支付系统外，最核心的就是电影模块，可以理解为是电商应用中的商品模块，因此本示例项目模仿的也是电影 App 最核心的页面，部分效果如图 12-1 所示。

图 12-1 豆瓣电影应用部分效果图

图 12-1　豆瓣电影应用部分效果图（续）

　　如图所示，作为一个示例项目，此 App 包含的页面有首页展示、城市切换、搜索、电影列表、电影详情和视频播放等，读者可以据此进行拓展。

12.2　项目搭建全流程解析

12.2.1　项目初始化

　　通常，初始化一个 React Native 项目，可以使用命令或 IDE 两种方式，而 IDE 方式最终使用的也是 react-native-cli 脚手架提供的命令。首先，使用 react-native init 命令初始化一个 React Native 项目，如下所示。

```
react-native init chapter12
```

执行上面的命令，等待项目构建完成后使用 WebStrom 打开项目，工程结构如图 12-2 所示。其中，index.js 是项目的入口文件，而与项目相关的配置位于 package.json 文件中。

```
"dependencies": {
    "prop-types": "^15.7.2",
    "react": "16.8.3",
    "react-native": "0.59.9",
    "react-navigation": "^3.11.0",
    "react-native-gesture-handler": "^1.3.0",
    "react-native-video": "^4.4.2",
```

```
    "react-native-vector-icons": "^6.6.0",
    "react-native-swiper": "^1.5.14"
  }
```

下面是项目中涉及的一些第三方库的简介。

- react-navigation：React Native 社区开源的一个页面导航库。
- react-native-gesture-handler：Expo 公司推出的一款用于处理拖曳、捏合缩放和旋转手势的开源库。
- react-native-swiper：轮播组件库。
- react-native-vector-icons：矢量图标库。
- react-native-video：视频播放组件库，可以实现各种视频播放效果。

```
▼ 📁 chapter12 ~/RN/workspace/chapter12
  ▶ 📁 __tests__
  ▶ 📁 android
  ▶ 📁 ios
  ▶ 📁 node_modules library root
  ▶ 📁 src
    📄 .buckconfig
    📄 .flowconfig
    📄 .gitattributes
    ◈ .gitignore
    📄 .watchmanconfig
    📄 App.js
    📄 app.json
    📄 babel.config.js
    📄 index.js
    📄 metro.config.js
    📄 package.json
    📄 package-lock.json
    📄 yarn.lock
  📁 External Libraries
```

图 12-2 应用工程目录结构

12.2.2 网络请求

在传统的客户端/服务器架构模型中，客户端与服务器端进行数据交互的唯一方式就是接口。客户端向服务器发起网络请求，服务器在接收到请求后会通过接口给客户端返回请求结果。

在 React Native 应用开发中，可以使用 fetch() 方法来完成网络请求。fetch 被称为下一代 AJAX 技术，内部采用 Promise 方式来处理请求数据，相比传统的 XMLHttpRequest 请求方式，fetch 请求方式更加简洁高效，并且还能有效地解决多层级链式调用的问题。图 12-3 所示是一个典型的 fetch 网络交互原理示意图。

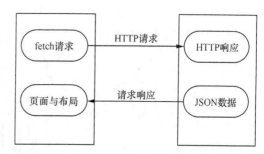

图 12-3 应用网络交互示意图

fetch 提供了强大且灵活的功能集，可以帮助开发者快速地完成网络数据交互。具体来说，只需要向 fetch() 方法传入请求地址，然后使用 then() 方法等待返回结果即可。如果请求出现任何异常还可以使用 catch() 方法来捕获异常。下面是使用 fetch() 方法完成一个简单的网络请求的基本格式。

```
fetch(url)
    .then(res => res.json())
    .then(data => console.log(data))
    .catch(e => console.log("error", e))
```

目前，fetch 支持的请求方式有 GET、POST、PUT 和 DELETE 4 种。平时开发中用得比较多的是 GET 和 POST 请求。下面是使用 fetch 方式获取豆瓣热映电影的示例，代码如下。

```
fetchData() {
    let url="https://api.douban.com/v2/movie/in_theaters"
    fetch(url)
        .then(res => res.json())
        .then(res => {
        …//处理返回结果
    });
}
```

由于 fetch 请求是一个异步的过程，所以使用时还需要调用 then()方法等待服务器端返回结果，然后根据返回的结果进行其他操作。需要说明的是，由于此 App 使用的是豆瓣电影的开放接口，而豆瓣电影的开放接口对普通的公共 API 做了访问限制，如果想要正常访问 API，就需要开发者获取一定的访问权限，需要在请求 API 后面添加 apikey 标识，如下所示。

```
https://api.douban.com/v2/movie/in_theaters?apikey=0df993c66c0c636e29ecb
b5344252a4a           //获取近期上映电影 API
```

12.2.3 开发主页

通常，用户应用启动后所看到的第一个页面就是应用的主页，因此主页在应用中占据着举足轻重的地位。

在移动产品设计中，主页作为应用最核心内容的承载页面之一，是很多二级模块的入口。在本示例中，主页由导航栏和电影列表构成，电影列表则由近期上映、即将上映和推荐电影 3 个部分构成，效果如图 12-4 所示。

图 12-4 应用首页运行效果

可以发现，近期上映、即将上映和推荐电影的样式布局几乎是一样的，都是标题加横向电影列表的形式，因此可以将这些类似的功能封装成一个单独的组件。新建一个名为 MoviesList.js 的文件，然后添加如下代码。

```
export default class MoviesList extends PureComponent {

    constructor(props) {
        super(props);
        this.state = {
            listData: []
        };
        this.title = this.props.title;              //标题
        this.url = this.props.url;                  //服务器数据接口
        this.fetchData = this.fetchData.bind(this);
    }

    componentWillMount() {
        this.fetchData();
    }

    fetchData() {
        let url = this.url;
        fetch(url)
            .then(res => res.json())
            .then(res => {
                this.setState({
                    listData: res.subjects,      //返回接口数据
                });
            });
    }

    renderTopicItem = ({item}) => {
        return (
            …//省略 FlatList 的子布局
        );
    };

    render() {
        return (
            <View>
                <FlatList
                    data={this.state.listData}
                    keyExtractor={(item, index) => index + ""}
                    renderItem={this.renderTopicItem}
                    horizontal={true}
                    showsHorizontalScrollIndicator={false}/>  </View>
```

```
        );
    }
}
```

可以发现，MoviesList.js 自定义组件最重要的作用就是请求接口数据，并根据返回的结果绘制横向列表。使用时，只需要传入标题和服务器接口即可。

```
<MoviesList
    title='近期上映'
    url="https://api.douban.com/v2/movie/in_theaters"/>
```

在平时的开发工作中，对一些相同或相似的页面进行合理的封装可以有效防止代码冗余，提高代码的复用率。

12.2.4　自定义导航栏

在移动应用开发中，如果一个应用由多个页面构成，那么多个页面之间的跳转通常是通过路由来实现的。在 React Native 早期的版本中，可以使用官方提供的 Navigator 组件来实现移路由跳转。不过从 0.44 版本开始，官方移除了 Navigator 组件，并建议使用 react-navigation 库来替换 Navigator 组件。

react-navigation 导航库提供了 3 种基本的导航方式，即页面导航、Tab 导航和抽屉导航。借助 react-navigation 库，开发者可以快速地实现页面导航功能。不过，有时候 react-navigation 提供的通用导航栏样式，并不能满足所有的应用开发需求，此时就需要自定义导航栏。图 12-5 所示是一个常见的用自定义导航栏，主要由搜索框和取消按钮构成，当点击取消按钮时还会返回路由的上一个页面。

图 12-5　自定义导航栏

在自定义组件时，出于通用性和可扩展性的考虑，事件处理并不需要固定写死，而是在使用时动态传入，并交由使用方处理。因此在处理取消事件时，需要使用 this.props 自定义一个事件处理属性。

首先，新建一个名为 SearchBox.js 的自定义组件，并添加如下代码。

```
export default class SearchBox extends PureComponent {

    render() {
        return (
            <View style={styles.container}>
                <View >
                    <View>
                        <Image source={require('../images/icon_search.png')}/>
                        <TextInput style={styles.inputText}
                                   returnKeyType="search" maxLength={20}
                                   underlineColorAndroid="transparent"
                                   placeholder={'搜影片、影院、演出'}/>
                    </View>
                </View>
```

```
                            <TouchableOpacity style={styles.cancleStyle} onPress
={() => {
                    this.props.onSearchCancel()          //处理取消事件
                }}>
                    <Text style={styles.cancleTxt}>取消</Text>
                </TouchableOpacity>
            </View>
        </View>
    )
}
}
```

使用时，先导入自定义的组件，然后传入 onSearchCancel 自定义属性即可，如下所示。

```
import SearchBox from '../component/SearchBox'

<SearchBox onSearchCancel={() => {this.props.navigation.goBack()}}/>
```

然后，在页面文件中调用 react-navigation 提供的 goBack()方法即可返回路由的上一页。

12.3 业务功能开发

12.3.1 电影列表

在移动应用开发中，列表是一种常见的内容组织方式，几乎在每一个移动应用中都能看到列表的身影。通常，列表被用来展示一组相同或相似的内容，效果如图 12-6 所示。

图 12-6 电影列表运行效果

在 React Native 开发中，实现列表的方式有很多，推荐使用官方提供的 ListView 或 FlatList 组件来实现。

使用 FlatList 组件实现列表效果时需要给 data 和 renderItem 两个属性传入相应的值。其中，data 表示列表的数据源，renderItem 表示列表重复绘制的单元格。下面是使用 FlatList 组件实现正在热映电影列表的示例，代码如下。

```
import MovieItemCell from "../component/MovieItemCell";
import {fetchHotMovies} from '../api/Service';
export default class MoviesHotListPage extends PureComponent {

    constructor(props) {
        super(props);
        this.state = {
            movieList: [],
        };
    }

    componentDidMount() {
        this.getHotMovies();
    }

    render() {
        return (
            <FlatList data={this.state.movieList}
                renderItem={this.renderItem}
                keyExtractor={(item) => item.id}/>
        )
    }

    renderItem = (item) => {
        return (
            <MovieItemCell movie={item.item} onPress={() => {
                console.log(item.item.title);
            }}/>
        )
    };

    getHotMovies() {
        fetch(fetchHotMovies()).then((response) => response.json()).then
((json) => {
            let movies = [];
            .../省略其他处理逻辑
            this.setState({
                movieList: movies,
            })
```

```
        }).catch((e) => {
            console.log("网络请求失败");
        }).done();
    }
}
```

在上面的代码中，我们使用 getHotMovies 方法获取正在热映电影的数据，然后在 render
方法中绘制列表界面。其中，列表页面用到的列表单元格视图是一个自定义组件，代码如下。

```
export default class MovieItemCell extends PureComponent {

    render() {
        let {movie} = this.props;               //使用 this.props 方式获取数据
        return (
            <TouchableHighlight onPress={this.props.onPress}>
<Image source={{uri: movie.images.large}}
                    style={styles.thumbnail}/>
            …//省略其他绘制代码
            </TouchableHighlight>
        )
    }
}
```

12.3.2　电影搜索

在移动应用设计中，搜索框是主界面里不可或缺的元素，用户可以通过搜索框快速地找到
想看的电影资源。当点击主界面的搜索框时，应用会跳转到一个搜索页面，如图 12-7 所示。

图 12-7　电影搜索运行效果

当用户输入搜索关键字时，应用程序会通过接口向后端发送请求，等待后台返回搜索数据后，应用会以列表或者标签的形式展示搜索结果数据。下面是模拟电影搜索功能的示例，代码如下。

```
export default class SearchPage extends PureComponent {

    renderHotSearch() {
        let tagList = ['少年的你', '复仇者联盟 4: 终极之战', '千与千寻', '银河补
习 班', '阿拉丁', '速度与激情: 特别行动','哥斯拉 2: 怪兽之王', '最好的我们'];
        return (
            <View style={styles.container}>
                <View style={styles.tagContainer}>{
                    tagList.map((tag, index) => {
                        return (
                            <View key={index}>
                                <Text >{tag}</Text>
                            </View>
                        );
                    })
                }
                </View>
            </View>
        );
    }

    render() {
        return (
            <SafeAreaView style={styles.container}>
                {this.renderHotSearch()}
            </SafeAreaView>
        )
    }
}

const styles = StyleSheet.create({

    ...//省略其他样式文件

    tagStyle: {
        borderRadius: 15,
        marginRight: 6,
        justifyContent: 'center',
        height: 32,
        backgroundColor: '#E6E7E8',
        overflow: 'hidden',
        marginTop: 10
```

```
    },
    tagTextStyle: {
        justifyContent: 'center',
        fontSize: 18,
        paddingLeft: 12,
        paddingRight:12,
    },
});
```

当用户点击某个标签时，对应的按钮就会变为选中状态，并且会跳转到对应的电影详情页面。

12.3.3 电影详情

相比电影列表，电影详情页所展示的内容更加丰富且全面，是用户获取电影信息的重要途径。除此之外，电影的评分也是帮助用户判断电影好坏的重要元素。

对比现在主流的电影购票应用可以发现，电影详情页面通常由电影海报、名称、评分、电影简介和购买等部分组成，效果如图 12-8 所示。

图 12-8　电影详情效果

如上图所示，电影详情页面主要由一些展示性的内容构成，示例代码如下。

```
export default class MovieDetailPage extends PureComponent {

    static navigationOptions = {
        headerTitle: '电影详情',
    };

    constructor(props) {
        super(props);
        this.state = {
            loaded: false,
            details: {},
        };
        const {params} = this.props.navigation.state;
        this.id = params ? params.id : "";
    }

    componentDidMount() {
        this.getMoviesData();
    }

    getMoviesData() {                    //请求网络数据
        fetch(fetchMoviesDetail(this.id))
            .then(res => res.json())
            .then(ret => {
                this.setState({
                    details: ret,
                    loaded: true
                });
            });
    }

    renderLoadingView() {
        return (
            <View style={styles.loading}>
                <Text style={styles.loadingTxt}>正在加载电影数据……</Text>
            </View>
        );
    }

    render() {
        //是否正在加载网络数据
        if (!this.state.loaded) {
            return this.renderLoadingView();
        }
```

```
            return (
                <View style={styles.container}>
                    <ScrollView style={styles.container}>
                        …//省略绘制详情页面代码
                    </ScrollView>
                </View>
            );
        }
    }
```

可以发现，电影详情主要由展示信息和购买按钮构成。当用户单击【购买】按钮后，应用会跳转到对应的支付页面，等待完成支付操作后，就可以到线下的电影院取票观影。

12.3.4　视频播放

在主流的电影购票应用中，电影详情页的顶部一般都会提供一个视频播放功能，用于播放电影的视频片段。

由于 React Native 官方并没有提供视频播放组件，所以要在 React Native 应用中实现视频播放功能，要么使用原生移动系统的视频播放组件，要么直接使用第三方开源库。

在实际开发中，为了让应用能够快速迭代，可以直接选用第三方开源库。在本示例项目中，直接选择了 react-native-video 开源库作为视频播放的组件库。react-native-video 是 React Native 社区开源的一款视频播放组件库，可以实现各种视频播放效果，并且支持二次封装。

使用 react-native-video 之前，需要先在项目中添加库的依赖，安装命令如下。

```
npm install --save react-native-video
或者
yarn add react-native-video
```

安装完成后，只需要使用 react-native link 命令即可链接原生库依赖。如果只是单纯地播放视频，不需要对视频进行其他操作，只需要传入 source 属性即可。

```
import Video from 'react-native-video';

<Video source={{uri: ''}} />    // uri 为视频地址
```

考虑到实际使用过程中，除了播放视频功能外，通常还需要对视频进行如播放/暂停、进度跳转和全屏播放等操作，因此，在实际开发过程中还需要对 react-native-video 进行二次封装，然后才能使用。

集成 react-native-video 之后，重新运行项目，最终运行效果如图 12-9 所示。

图 12-9　电影详情视频播放效果

12.3.5　刘海屏与全面屏

自从 iPhoneX 发布以来，各大手机厂商就掀起了一股刘海屏的设计之风。为了适配刘海屏，React Native 在 0.50.1 版本推出了 SafeAreaView 组件，不过此组件只适用于 iOS 平台。

由于 Android 设备的型号比较多，且刘海屏的样式也各不相同，所以，在适配 Android 设备的刘海屏时需要考虑的情况也比较多。Android 官方已经在 Android P 版本为开发者提供了刘海屏模拟器。

要打开 Android P 模拟器的刘海屏，需要先开启开发者模式。具体操作时，依次选择【Settings】→【About emulated device】，然后连续点击 5 次【Build number】选项即可开启开发者模式。

然后依次选择【System】→【Deleloper options】→【Simulate a display with a cutout】，选中【Tall display cutout】即可打开顶部刘海屏，如图 12-10 所示。

适配刘海屏的基本原则是，对于刘海区域不进行绘制。目前，React Native 官方已经默认适配 Android 设备的顶部刘海屏，可以打开 Android P 模拟器查看刘海屏效果，如图 12-11 所示。

对于其他类型的刘海屏，则可以打开原生 Android 工程，然后对 React Native 的 Android 基类 ReactActivity 进行刘海屏适配。

  继刘海屏之后，全面屏手机也逐渐流行起来，由于全面屏手机的高宽比大于之前 Android 默认最大高宽比（即 16:9），所以不适配全面屏的话，全面屏手机的上下部分就会留下空白空间。

  由于 iOS 还没有发布全面屏手机，所以只需要适配 Android 的全面屏即可。对于 Android 全面屏，Android 官方给出的适配方案是，通过提高应用所支持的最大屏幕纵横比即可。

图 12-10　开启 Android P 模拟器刘海屏 　　　　　图 12-11　适配 Android 顶部刘海屏

  打开原生 Android 工程的 AndroidManifest.xml 文件，并在 meta-data 节点添加如下配置即可。

```
<meta-data
    android:name="android.max_aspect"
    android:value="ratio_float"/>
```

  其中，ratio_float 表示宽高比，为浮点数，官方建议为 2.1 或更大的值。如果在 AndroidManifest.xml 进行配置，那么配置是对整个应用起作用的。如果只针对某个具体的 Activity 进行适配，那么只需要将 Activity 的 resizeableActivity 属性设置为 true 即可。

```
<activity
    android:name=".MainActivity"
    android:resizeableActivity="true"
    ...//省略其他属性
    >
</activity>
```

  除了属性配置的方法之外，Android 还支持使用代码的方式进行动态配置。

```
public void setMaxAspect() {
    ApplicationInfo aInfo= null;
```

```
        try {
            aInfo = getPackageManager().getApplicationInfo(getPackageName
(), PackageManager.GET_META_DATA);
        } catch (PackageManager.NameNotFoundException e) {
            e.printStackTrace();
        }
        if(aInfo == null){
            throw new IllegalArgumentException(" get application info =
null, has no meta data! ");
        }
        aInfo.metaData.putString("android.max_aspect", "2.1");
    }
```

除了提高最大屏幕纵横比之外，适配 Android 全面屏时还需要在布局方面进行优化。

12.4　本章小结

作为目前被广泛使用的移动跨平台开发框架，React Native 已经被国内外各大互联网公司使用并推广。React Native 之所以如此受欢迎，不仅是因为它可以有效提高开发效率，还因为它天生就具备热更新能力。

作为一个示例应用，电影购票 App 涵盖了 React Native 应用开发中的基本功能，如路由、网络和视频播放等。"麻雀虽小，五脏俱全"，读者可以对本示例项目进行扩展，使之成为一个完整的练习项目。